Taliby Dos CAMARA

MANUAL DO CURSO DE VIROLOGIA

Taliby Dos CAMARA

MANUAL DO CURSO DE VIROLOGIA

Primeira edição

ScienciaScripts

Imprint

Any brand names and product names mentioned in this book are subject to trademark, brand or patent protection and are trademarks or registered trademarks of their respective holders. The use of brand names, product names, common names, trade names, product descriptions etc. even without a particular marking in this work is in no way to be construed to mean that such names may be regarded as unrestricted in respect of trademark and brand protection legislation and could thus be used by anyone.

Cover image: www.ingimage.com

This book is a translation from the original published under ISBN 978-620-6-70097-5.

Publisher:
Sciencia Scripts
is a trademark of
Dodo Books Indian Ocean Ltd. and OmniScriptum S.R.L publishing group

120 High Road, East Finchley, London, N2 9ED, United Kingdom
Str. Armeneasca 28/1, office 1, Chisinau MD-2012, Republic of Moldova, Europe
Printed at: see last page
ISBN: 978-620-7-63036-3

Conteúdo

Dedicação

Dedico este livro à minha querida mulher e aos meus filhos:

- *Djenabou CAMARA*
- *Fatoumata Taliby*
- *Mariam Taliby*
- *Mohamed Taliby*
- *Bintou Taliby*
- *O meu sobrinho Soriba CAMARA pelo seu   amor incondicional diário*

AGRADECIMENTOS

A Deus Todo-Poderoso, Misericordioso e Misericordiosíssimo, por me ter dado vida, saúde, coragem, energia e tantas outras coisas boas que me permitiram chegar a esta importante etapa do meu destino. Que Ele abençoe os meus esforços e faça crescer a minha fé agora e para sempre. Amina!

A todos os meus colegas professores e investigadores na Guiné e noutros locais (SOACHIM e CAMES).

A todos os meus alunos do Colégio 1 de Donka em 1998, do Lycee de Kipe, do Groupe Scolaire Koumba Diawara e dos estudantes da Universidade Gamal Abdel Nasser de Conakry (UGANC), da Universidade Mahatma Gandhi (UMG) e do Institut de Recherche en Biologie Appliquée de Guinee (IRBAG) por todo o tempo passado em conjunto no precioso domínio das Ciências Biológicas.

Ao Decano da Faculdade de Ciências da UGANC, Pr Ousmane BARRY, ao Chefe do Departamento de Biologia, Pr Demba MAGASSOUBA, ao antigo Vice-Decano encarregado da Investigação, Pr Lipoli-pe KOLIE, aos Vice-Decanos, Dr Ce CAMARA e Dr Ibrahima Sory Leon CAMARA, aos Directores dos Programas de Biologia, M. Lansana BANGOURA, de Bioquímica, M. Cheick Ahmed Tidiane CAMARA, de Biologia Médica, Dr Ahmadou Sadio DIALLO pelo seu apoio, bem como a todos os outros. Lansana BANGOURA, da Bioquímica, Sr. Cheick Ahmed Tidiane CAMARA, da Biologia Médica, Dr. Ahmadou Sadio DIALLO pelo seu apoio, bem como a todos os outros não mencionados. Que todos eles encontrem aqui a expressão da minha mais alta consideração.

Ao Diretor de Estudos Avançados e antigo Ministro do Ensino Superior e da Investigação Científica, Pr Aboubacar Oumar BANGOURA, pelas reformas de qualidade levadas a cabo a favor do ASP.

Aos antigos e actuais gestores do IRBAG, Pr Mamadou Yero BOIRO, Pr Mamadou Cellou BALDE, Pr Siba KALIVOGUI, Pr Sanaba BOUMBALY, Pr Mohamed Sahar TRAORE, Dr Aissatou BOIRO pela boa colaboração.

Ao Fundador da Universidade Mahatma Gandhi, Sr. Mamadou Mouctar SAVANE, ao Reitor, Dr. Lansana CAMARA, ao Vice-Reitor, Dr. Yao AGBENO e ao Diretor Financeiro, Sr. CISSE, pela sua boa e franca colaboração.

Aos meus queridos Mestres e Mentores no CAMES, Pr Mohamed CISSE, Decano da Faculdade de Ciências e Técnicas da Saúde e Diretor Geral do Hospital Nacional Donka CHU e Pr Telly SY, Chefe da Cátedra de Ginecologia e Ponto Focal do CAMES na Universidade Gamal Abdel Nasser em Conakry.

Aos meus queridos mestres, Dr. Thierno Ibrahima DIALLO e Dr. Mamadou SANGARE, pela sua atenção e apoio em todos os meus projectos.

Uma menção especial à minha grande irmã Sra. TOURE Khalifatou, aos seus filhos e ao seu falecido marido Fode Lamine TOURE. Este último foi antigo inspetor escolar, antigo governador da região de Nzerekore, antigo administrador da Universidade de Conacri, antigo chefe de gabinete do Ministério da Educação Nacional, escritor, poeta e ensaísta, por ter sido o meu mentor e por me ter inspirado. Que o Paraíso eterno de Alá seja a sua morada. Força!

Um olá especial para El-hadj Oumar BAH, Pr Mariam BEAVOGUI, M. Mohamed MAGASSOUBA, Dr Mohamed Ansoumane CAMARA, Dr. Issa Samaya SYLLA, Dr Mohamed Kerfalla CAMARA, Dr Mamady Balla Junior CAMARA, Mme Sira SYLLA, Dr Sekou DIAKITE, Dr Abdoulaye KABA, Pr Alia DIABY, M. Sekou MONDEKENO, M. Bangaly SYLLA, etc. pela sua amizade sincera!

Souaibou SOW, Diretor do Laboratório de Biologia Médica da Universidade Mahatma Gandhi, pela sua contribuição para este trabalho!

Por último, gostaria de agradecer a todos aqueles que, de uma forma ou de outra, contribuíram com os seus conselhos e encorajamentos, a quem gostaria de expressar a minha profunda gratidão.

A Virologia é o estudo dos vírus e dos agentes infecciosos associados. Este livro de Virologia Geral e Especial destina-se a estudantes de biologia, medicina, medicina veterinária e tecnologia laboratorial e é um documento rico em informação científica, pois ajuda a compreender os vírus em relação aos organismos infectados. Ao escrever este manual de Virologia, o autor, Dr. Taliby Dos Camara, enquanto microbiologista, pretende dar o seu contributo para o conhecimento e controlo dos vírus de interesse médico, numa altura em que o mundo vive diariamente epidemias virais como a gripe aviária, o Zika, o Ébola, o Lassa, a Covid-19, a febre aftosa, etc.

Este documento está dividido em três partes principais. A primeira parte trata da Virologia Geral, que estuda todas as propriedades dos vírus. A segunda parte é dedicada à Virologia Especial, que trata de nove vírus e das nove doenças que causam. A terceira é dedicada aos métodos de diagnóstico das doenças virais. Questões de consolidação para permitir aos alunos auto-avaliarem o seu nível de aprendizagem do curso.

Neste manual, o autor pretende descrever a estrutura dos vírus, os mecanismos que lhes permitem infetar as células e tirar partido dos mecanismos celulares para se reproduzirem. Este estudo aborda igualmente as doenças causadas por vírus, as técnicas de isolamento e de cultura dos mesmos, bem como a sua utilização na investigação e na terapêutica. A virologia é geralmente considerada como um ramo da microbiologia ou da patologia.

Neste livro, o Autor desenvolveu as propriedades dos vírus, nomeadamente a estrutura da partícula viral, a replicação dos vírus, as suas patogenias, os métodos de diagnóstico das doenças virais, os modos de penetração dos vírus nus nas células hospedeiras, os modos de penetração dos vírus envelopados, a expressão génica segundo a natureza e polaridade do ácido nucleico, a compartimentação das células eucarióticas e a internalização dos vírus, o ciclo de replicação, os vírus vegetais e a expressão génica nos fitovírus.

Este livro sobre virologia é uma verdadeira mina de ouro e é obrigatório!

Pr AbdoulayeMAKANERA, Professor-Investigador, Bacteriologia-Virologia, na
Universidade Gamal Abdel Nasser de Conacri e Chefe do Laboratório de
Análises Biomédicas da HASGUI.

CAPÍTULO I: VIROLOGIA GERAL

1. INTRODUÇÃO

Os antigos estavam familiarizados com doenças como a raiva, o sarampo e a varíola, mas não compreendiam a sua natureza. As epidemias de varíola de 165 a 180 e de 251 a 266 d.C. são provavelmente responsáveis, em parte, pelo enfraquecimento do Império Romano.

A palavra **vírus é muitas** vezes confusa porque pode referir-se a várias entidades ou conceitos. Historicamente, era utilizada para designar os agentes infecciosos que podiam ser transmitidos independentemente da sua natureza, uma vez que esta era desconhecida. Atualmente, na linguagem popular, refere-se mais especificamente a certos agentes infecciosos, como o vírus da gripe, sem se referir a uma estrutura biológica específica.

Na sua atual e mais ampla aceitação científica, um vírus é uma entidade biológica parasitária intracelular que é necessária para a sua replicação e propagação. Nesta aceção do termo, entende-se por "vírus" a maquinaria celular criada pelo programa viral numa ou mais estruturas da célula, necessária para a sua replicação. A partícula viral, cujo papel é transportar o genoma viral de uma célula para outra e de um hospedeiro para outro, é apenas uma das etapas do ciclo de replicação do "vírus".

No entanto, o termo vírus continua a ser frequentemente utilizado para designar a partícula viral extracelular. O termo **"virião"** elimina esta ambiguidade, designando apenas a partícula viral, o veículo do genoma viral. No contexto da estrutura do vírus, estamos de facto interessados na estrutura do virião, que não é, no entanto, uma estrutura inerte. Pelo contrário, esta estrutura tem a função de assegurar as primeiras etapas do ciclo de replicação viral, ou seja, o reconhecimento das células-alvo e a penetração do material genético viral nas mesmas.

[6]Os vírus são geralmente muito mais pequenos do que as bactérias, 1 mícron (10 m) para o Staphylococcus. [-9]O seu tamanho varia entre cerca de dez nanómetros, no caso dos mais pequenos, e várias centenas de nanómetros (10 m), no caso dos maiores. Recentemente, foram descobertos vírus gigantes, como o Mimivirus, um vírus de ameba, que tem o mesmo tamanho que o micoplasma. No entanto, em geral, os vírus não podem ser observados através de microscopia ótica, sendo necessário recorrer à microscopia eletrónica.

Desenvolvimentos técnicos recentes, como a microscopia criotomo-eletrónica com reconstrução da estrutura em 3D utilizando o poder de computação dos computadores, combinados com dados de cristalografia de proteínas, tornaram possível resolver certas estruturas virais com uma precisão de alguns Angstrom.

As imagens obtidas para três vírus pertencentes a famílias diferentes mostram que os vírus têm estruturas globulares mais ou menos esféricas, compostas por várias camadas, com o genoma viral localizado no centro do vírus.

Mais ou menos completa, a estrutura dos vírus pode ser constituída por um invólucro proteico, o capsídeo, que contém o genoma viral, e um envelope constituído por uma bicamada de fosfolípidos na qual se inserem glicoproteínas, denominadas proteínas do envelope.

A estrutura de um virião pode ser reduzida à sua expressão mais simples: um capsídeo que contém o genoma viral, que pode ser ADN ou ARN. É o caso, por exemplo, dos adenovírus ou dos rotavírus. Estes são conhecidos como vírus nus. Em alternativa, um virião pode ser envelopado se o capsídeo estiver rodeado por uma bicamada fosfolipídica com as suas proteínas. Em geral, os vírus nus são muito mais resistentes no ambiente externo do que os vírus com envelope, cujo envelope é mais facilmente danificado por solventes, detergentes e pelas condições físicas do ambiente, humidade, seca, etc.

Muitos capsídeos virais são icosaedros, cujas características geométricas são mostradas nestes diagramas com faces, vértices e eixos de simetria. Uma bola de futebol é um icosaedro frequentemente encontrado com pentões alternados (cinco lados) que constituem os vértices, eixo de simetria 5, e hexões (seis lados) que constituem as faces. É esta alternância que curva a superfície para criar uma esfera. Os elementos de base destas estruturas são os capsómeros, constituídos por uma ou mais proteínas.

São necessários vários capsómeros para formar uma face. O seu número pode variar como se mostra aqui, mas sempre com as mesmas regras de triangulação. Os papilomavírus são um exemplo de um vírus simples e nu, composto por 72 capsómeros. Pode procurar os pentões e os hexões na imagem reconstruída e detetar a triangulação.

No caso dos adenovírus, os pentões e os hexões são diferentes. Os pentões têm também uma extensão, as fibras.

As proteínas do capsídeo do rotavírus são mais diversas, produzindo padrões mais variados, mas a mesma geometria é sempre encontrada.

Há que ter em conta que os capsídeos têm dois papéis a desempenhar. Em primeiro lugar, protegem o genoma viral que se encontra na sua cavidade e, em segundo lugar, devem também ligar-se a receptores na superfície das células-alvo. Este reconhecimento é conseguido através de motivos proteicos expostos diretamente nos capsídeos ou que se desmascaram após a ação de proteases, por exemplo as proteases digestivas. É fácil imaginar que os anticorpos que reconhecem especificamente estes motivos proteicos virais possam impedir o vírus de se ligar à célula-alvo. Estes anticorpos são conhecidos como **anticorpos**

neutralizantes: Cápsides helicoidais.

Outra forma comum de capsídeo é o capsídeo helicoidal, que consiste numa pilha de capsómeros ao longo do genoma viral numa disposição helicoidal. Estes capsídeos podem ser nus ou envelopados, como nos exemplos aqui apresentados.

Por último, os capsídeos podem ter estruturas muito mais complexas. É o caso, por exemplo, dos poxvírus

No caso dos vírus com envelope, o capsídeo é rodeado por um envelope. Este é constituído por uma bicamada de fosfolípidos, como as membranas plasmáticas ou as do retículo endoplasmático. O envelope está mais ou menos solto à volta do capsídeo, como na fotografia à direita. As proteínas virais estão sempre associadas ao envelope através de domínios transmembranares. O espaço entre o capsídeo e o envelope é ocupado por proteínas da matriz.

As glicoproteínas do envelope são estruturas complexas que desempenham um papel importante na ligação do vírus às células-alvo e na sua internalização nas mesmas. Estão classificadas em três tipos diferentes. Aqui são apresentados exemplos de tipos de glicoproteínas. Estas proteínas são tampões homo- ou hetero-triméricos perpendiculares ao envelope viral.

É o caso da proteína H do vírus da gripe, que se reúne sob a forma de um homo trímero (à esquerda). A conformação deste trímero varia em função do pH. Em pH neutro, a sua estrutura permite-lhe reconhecer o seu recetor na superfície das células das vias respiratórias superiores. Depois de se ligar ao seu recetor, o vírus é internalizado por endocitose. A acidificação no endossoma induz uma mudança na conformação do trímero, que desmascara os domínios hidrofóbicos que se ligam à membrana do endossoma, resultando na fusão do envelope viral com a membrana do endossoma. Neste livro, voltamos a abordar a gripe.

Outro exemplo de uma proteína de envelope de tipo 1 é a do vírus da imunodeficiência humana, VIH. Este vírus tem uma estrutura constituída por um capsídeo que contém as duas cópias do genoma viral, uma proteína matriz que reveste o interior do envelope e um envelope com heterotrímeros de duas glicoproteínas virais, gp120 e gp41.

É fácil imaginar que estas proteínas, cuja conformação se altera em função das interacções com os receptores, são difíceis de reconhecer no seu estado nativo pelos anticorpos, facilitando a fuga dos vírus à resposta imunitária.

Os vírus são agrupados com base num conjunto de características que partilham em maior ou menor grau. Estas características incluem, evidentemente, as características da estrutura do virião e a natureza do seu genoma, mas também, o que é mais importante, as características biológicas do "vírus" no sentido mais lato do termo. Por outras palavras, o tropismo celular e do hospedeiro do vírus, bem como as características do ciclo de replicação viral dentro da célula.

2. Definição de vírus

Os vírus são objectos biológicos particulados, infecciosos, subcelulares, dotados de continuidade genética (replicação de material genético) e de grande capacidade evolutiva, constituídos por pelo menos um ácido nucleico (ADN ou ARN) e proteínas; dependem de células vivas para se replicarem e, para isso, são capazes de perturbar profunda e/ou duradouramente a informação genética das células que infectam (Chastel, 1992).

Por outras palavras, os vírus são organismos sem células, parasitas intracelulares absolutos, constituídos por um único ácido nucleico (ADN ou ARN) e proteínas, com simetria cúbica ou helicoidal, que podem ser nus ou envelopados, sem metabolismo ou multiplicação autónoma.

3. História da virologia

As doenças virais, como a varíola e a raiva, são conhecidas desde a antiguidade. No final do século XVIII, *Edward Jenner* desenvolveu a inoculação de "cowpox" ou varíola bovina, que proporcionava uma boa proteção contra a varíola. O nome vacinação deriva da palavra "vacca", vaca, e é aplicado por *Louis Pasteur*, no século seguinte, à vacina contra a raiva, obtida por atenuação de material infecioso transmitido aos animais. A primeira experiência que indicou o envolvimento de um agente ultrafiltrável, mais pequeno que as bactérias, em certas doenças infecciosas, foi a transmissão do mosaico do tabaco por *Dmitrii Ivanovski* a partir de filtrados de plantas em 1892. Mas foi apenas 6 anos mais tarde que *Martinus Beijerinck* compreendeu as consequências desta observação, repetindo-a. Ele falou de "*contagium vivum fluidum*". No final do século XIX e no início do século XX, muitos vírus foram rapidamente descobertos em animais e seres humanos. Descobriu-se também que certos vírus podiam infetar bactérias. Estes foram designados por "bacteriófagos" por *Felix d'Herelle*. Os vírus foram visualizados pela primeira vez com um microscópio eletrónico em 1939 e, a partir de 1948, as técnicas de cultura celular permitiram isolar e caraterizar novos vírus. Em 1979, a *Organização Mundial de Saúde certificou a erradicação global da varíola*. Foi o primeiro grande triunfo da medicina, e da vacinação em particular. Quando **a SIDA** foi descrita em 1980, foram necessários apenas três anos para descobrir o seu vírus causador, o VIH. As técnicas continuaram a evoluir, sendo o avanço mais recente o desenvolvimento da reação em cadeia da polimerase (PCR) por *Kary Mullis* em 1985, e continuaram a ser descobertos novos vírus todos os anos.

4. Características gerais dos vírus

Os vírus são elementos de replicação muito mais pequenos do que as bactérias e os maiores são pouco visíveis ao microscópio ótico. O seu genoma pode ser composto por ARN ou ADN. Os vírus são altamente dependentes do metabolismo celular. Na célula que infectam, replicam o seu genoma e componentes proteicos separadamente; estes são depois reunidos, dando origem a milhares de partículas numa geração. Os vírus reconhecem especificamente um ou alguns tipos de células, pelo que são bastante específicos do organismo hospedeiro.

4.1 Os vírus são muito pequenos

A principal caraterística dos vírus, à qual devemos a sua descoberta, é a sua capacidade de passar através de filtros impermeáveis às bactérias. Enquanto os maiores vírus que infectam o homem, os Poxviridae, têm entre 250 e 300 nm de tamanho, os mais pequenos, os Parvoviridae, têm apenas 20 nm. No entanto, o tamanho não é um critério absoluto, e os Mimivírus descritos em 2003 na ameba Acantamoeba polyphaga são do tamanho de pequenas bactérias como as rickettsias (+/- 1gm).

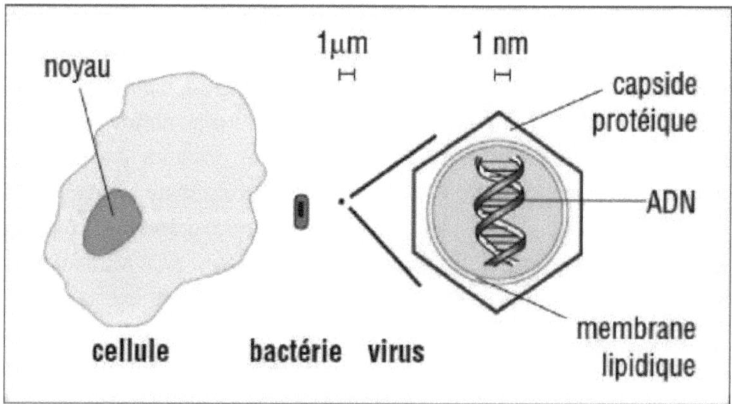

Figura 1: Células animais, bactérias e vírus

4.2 Os vírus replicam-se a si próprios

Outra caraterística básica dos vírus é o facto de se replicarem. Por exemplo, a infeção pelo vírus do mosaico do tabaco pode ser propagada indefinidamente de planta para planta, mesmo que o inóculo seja diluído em cada passagem. Este facto distingue os vírus das toxinas, que perdem a sua toxicidade através da diluição.

4.1.1 Cada partícula viral contém apenas um tipo de ácido nucleico

Os vírus são essencialmente constituídos por uma molécula que contém informação genética. Esta pode estar presente sob a forma de ADN ou ARN nas partículas virais. Os vírus são, portanto, separados de acordo com a sua composição em ADN ou ARN. Alguns vírus têm um intermediário do seu genoma numa forma diferente durante a replicação: os retrovírus, que são vírus de ARN, serão retrotranscritos em ADN na célula hospedeira e é a partir deste ADN "proviral" que serão formadas as novas cadeias genómicas de ARN. De forma semelhante, os Hepadnaviridae, como o vírus da hepatite B humana ou certos vírus de plantas, são vírus de ADN que passam por um intermediário de ARN para formar as novas cadeias de ADN.

4.1.2 Os vírus são réplicas montadas a partir dos seus componentes

Esta noção é bem ilustrada pela experiência de *E. Ellis e M. Delbruck* com o bacteriófago X. (Ver também a secção sobre o ciclo viral) Uma suspensão de bacteriófago X é misturada com bactérias numa proporção de 10:1. Durante a infeção, há, em primeiro lugar, uma fase em que nenhum vírus infecioso pode ser recuperado da célula infetada: isto deve-se ao facto de, durante a infeção, o genoma se ter libertado do capsídeo (descapsidação). Por conseguinte, já não existe um virião completo e infecioso. Esta fase é designada por "fase de eclipse". Em seguida, o genoma viral é transcrito e fornece as proteínas codificadas pelo vírus. O genoma também é replicado para dar origem a novas cópias do genoma viral. Estes genomas replicados combinam-se com as proteínas estruturais do vírus (montagem) para formar novos viriões infecciosos. Durante esta fase, conhecida como fase de maturação, as novas partículas virais infecciosas são montadas na célula a partir dos seus componentes. Isto contrasta com o ciclo de replicação de uma célula ou bactéria, durante o qual a célula-filha não é formada de novo por um processo de montagem de componentes da célula-mãe, mas é formada pela divisão da célula-mãe.

4.1.3 Os vírus são estritamente dependentes do metabolismo de uma célula

O facto de os vírus não terem ribossomas e terem de ser montados a partir de elementos dispersos torna-os dependentes de um ambiente favorável, que é o de uma célula. Estas células podem ser de diferentes tipos - bactérias, algas, plantas ou animais - e estarão, de alguma forma, ao serviço do vírus. É, portanto, evidente que os vírus não podem replicar-se num meio amorfo, como um caldo de cultura bacteriológico. Algumas bactérias são também intracelulares, mas, ao contrário dos vírus, possuem a maior parte dos elementos necessários ao seu metabolismo e à sua replicação, nomeadamente os ribossomas.

4.1.4 Os vírus são específicos das células e dos organismos

Todos os organismos vivos são susceptíveis de serem infectados por vírus, mas não são os mesmos vírus que infectam organismos diferentes. Assim, os vírus das plantas não infectam geralmente os animais, e os vírus de uma espécie de planta não infectam necessariamente outras espécies de plantas.

Esta barreira de espécies não é absoluta e podemos ver, por exemplo, que certos animais podem partilhar vírus com os seres humanos e entre si. Dentro de um organismo, os vírus são selectivos para certos tipos de células. Esta especificidade deve-se, em grande parte, aos receptores específicos existentes na superfície da célula que permitem que os vírus se liguem e entrem. Por exemplo, os vírus da SIDA reconhecem certas células do sistema imunitário que possuem a molécula CD4 na sua superfície.

5. Estrutura da partícula viral

O estudo da estrutura viral conduziu a uma melhor compreensão dos vírus e do seu funcionamento. Ao compreender como é construído o virião, podemos compreender melhor várias fases essenciais do ciclo viral, como a ligação, a penetração, a descapsidação, a montagem e a saída do vírus. Para além das funções associadas à fixação, penetração e saída do vírus, o capsídeo viral tem, sem dúvida, uma função de proteção do vírus, nomeadamente no caso dos vírus transmitidos sob a forma de aerossol (vírus da gripe) ou mecanicamente às plantas (vírus do mosaico do tabaco). Nos últimos anos, apercebemo-nos também de que o capsídeo pode ser uma estrutura dinâmica.

O conhecimento exato da estrutura viral é de grande interesse para a investigação de vacinas e para a nanotecnologia: o que pode ser mais fascinante do que a capacidade de um vírus para encapsular uma molécula de ácido nucleico de uma forma específica, no ambiente complexo de uma célula!

Investigadores como Crick, Watson e Klug ficaram fascinados com estas questões, utilizando técnicas como a difração de raios X e a microscopia eletrónica para decifrar a arquitetura de muitos vírus conhecidos e a forma como são montados.

Sistematicamente, o vírus é composto por um genoma e um capsídeo, um invólucro que envolve o ácido nucleico viral. Este capsídeo é formado pela reunião de subunidades proteicas repetitivas, por vezes denominadas capsómeros. O conjunto formado pelo capsídeo e pelo ácido nucleico viral é denominado nucleocapsídeo.

A microscopia eletrónica revelou dois tipos principais de estrutura capsidial: partículas alongadas e partículas esféricas.

Para além do capsídeo e do ácido nucleico viral, alguns vírus estão rodeados por um invólucro lipídico, por vezes designado por peplos (capa): são os chamados vírus "envelopados". Na ausência de um envelope, contudo, são designados por vírus "nus".

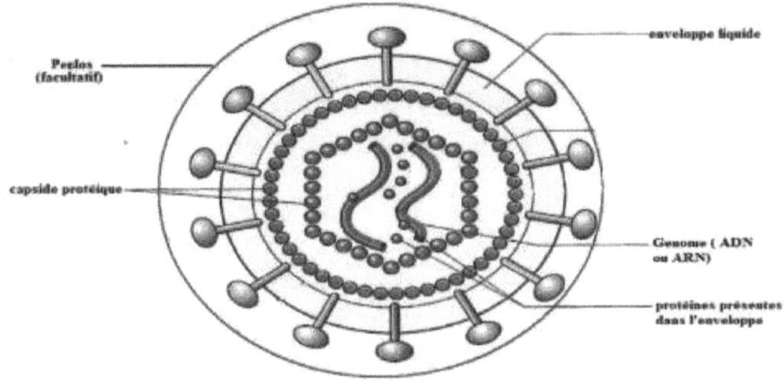

Figura 2: Estrutura de um vírus de envelope

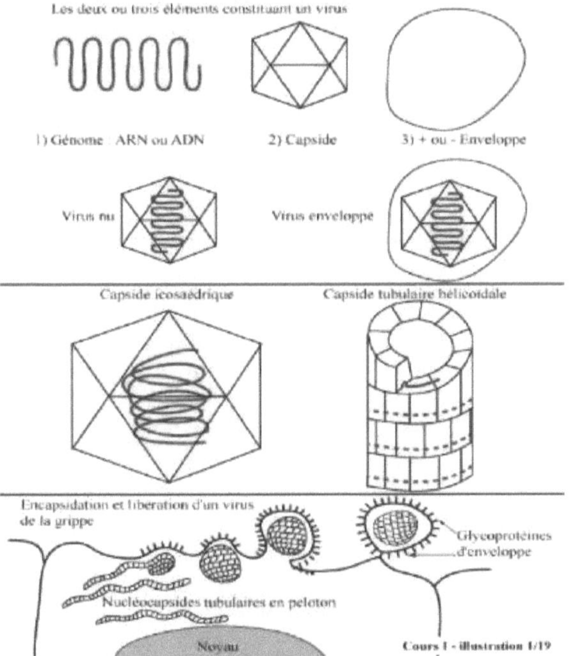

Figura 3: Componentes das partículas virais

5.1 Componentes do virião

5.1.1. Genoma viral

Um vírus é geralmente constituído por um genoma composto por uma ou mais cadeias de ácido desoxirribonucleico ou ribonucleico, de forma linear ou circular. Distingue-se entre ARN de cadeia simples e de cadeia dupla e ADN, ARN de polaridade positiva ou negativa ou ambisens.

Exemplo de uma estrutura típica da proteína do capsídeo É constituída por 150 a 200 aminoácidos dispostos em oito folhas beta antiparalelas, formando uma estrutura "trapezoidal" ou em barril. Os ARNs virais podem ser encapsulados, associados covalentemente a uma proteína protetora, terminar com uma sequência poliadenilada ou com uma extremidade de pseudotRNA contendo um pseudo-nó.

5.1.2. Proteínas do capsídeo

As proteínas do capsídeo são proteínas notáveis. São capazes de se polimerizar por auto-montagem para formar as estruturas complexas que são os capsídeos virais. Em alguns casos, podem também interagir especificamente com os ácidos nucleicos virais. Algumas proteínas do capsídeo viral foram estudadas em pormenor, como a proteína do capsídeo do VMT- TMV. As proteínas virais icosaédricas típicas têm uma estrutura caraterística, constituída por 150 a 200 aminoácidos dispostos em oito folhas beta antiparalelas, formando uma estrutura "trapezoidal" ou em barril.

5.1.3. Proteína de matriz

Alguns vírus, como os retrovírus, têm proteínas de matriz que ligam o nucleocapsídeo ao envelope através de um domínio de ancoragem transmembranar. Estas proteínas não são geralmente glicosiladas. No entanto, contribuem frequentemente de forma significativa para a massa da partícula viral.

Nos Herpesviridae, as proteínas localizadas entre a membrana e o capsídeo são designadas por "tegumento".

5.1.4. Envelopes virais

A maior parte dos vírus vegetais são vírus nus, ou seja, não envelopados, com exceção dos rabdovírus e dos tospovírus. Este facto explica-se, sem dúvida, pela grande diferença entre as paredes das células vegetais e as das células animais. Por outro lado, muitos vírus animais e de insectos têm uma estrutura de capsídeo envelopado. Os bacteriófagos, por outro lado, podem ser nus, envelopados ou ter uma membrana no interior do capsídeo, envolvendo o genoma (como no caso dos Tectiviridae).

O envelope desempenha um papel fundamental na ligação do vírus à célula-alvo, através de glicoproteínas de membrana específicas dos receptores celulares. Um exemplo típico de uma glicoproteína de membrana é a hemaglutinina do vírus da gripe.

O envelope viral é constituído por glicoproteínas de origem viral, por vezes denominadas espículas. Algumas delas têm um domínio de ancoragem transmembranar e são frequentemente muito glicosiladas na sua extremidade extra-viral. Em alguns casos, mais de 75% do peso da glicoproteína é constituído por hidratos de carbono. Estas proteínas são geralmente antigénios notáveis e têm várias funções: por exemplo, a hemaglutinina actua como um elicitor (ligação a um recetor celular) e permite a fusão da membrana. As suas propriedades de ligação aos hidratos de carbono são exploradas nos ensaios de hemaglutinação e de inibição da hemaglutinação.

Muitas vezes, o invólucro viral também permite o início da infeção, permitindo a libertação do nucleocapsídeo no citoplasma da célula. Por outro lado, o brotamento permite que o vírus deixe a célula sem causar a lise completa da célula, evitando assim submeter o hospedeiro a uma pressão excessiva.

Os envelopes virais contêm igualmente proteínas de transporte membranares, que compreendem vários domínios transmembranares hidrofóbicos. Estas proteínas asseguram as trocas entre o virião e o mundo exterior e desempenham um papel essencial na maturação bioquímica das partículas virais. A proteína M2 do vírus da gripe é um exemplo deste tipo de proteína (ver esquema de um vírus da gripe com glicoproteínas formando espículas e proteínas M2 formando canais transmembranares).

5.1.5. Anti-receptores

O envelope é o suporte dos determinantes do reconhecimento entre o vírus e a célula hospedeira nos vírus com envelope. Estas glicoproteínas (espículas) permitem que o vírus reconheça a célula-alvo através de um recetor celular, pelo que são por vezes designadas por anti-receptores. Atualmente, sabemos cada vez mais sobre os receptores celulares e os seus anti-receptores virais. Assim, foi possível descrever super famílias ou grupos de receptores característicos.

6. Vírus com simetria helicoidal

Foram identificados dois tipos principais de estrutura viral: vírus alongados com uma estrutura helicoidal, nus ou com envelope, e vírus quase esféricos com uma estrutura icosaédrica.

6.1 Vírus nus com simetria helicoidal

Os vírus alongados têm, portanto, partículas com simetria helicoidal. Quando o capsídeo deste tipo de vírus não está envolvido, fala-se de vírus "nus". Trata-se essencialmente de vírus vegetais e de alguns bacteriófagos. Estes vírus podem encapsular um ácido nucleico cujo tamanho não é limitado a priori. O vírus com a simetria helicoidal mais conhecida é o vírus do mosaico do tabaco (VMT-TMV).

6.2 Vírus envelopados com simetria helicoidal

Outros vírus com simetria helicoidal formam partículas alongadas mas "flexuosas". Neste caso, as interacções proteína-proteína são mais fracas do que no caso dos vírus rígidos. Os vírus X e Y da batata (Potato virus X - PVX, Potato virus Y - PVY) são exemplos deste tipo de vírus.

Vários vírus apresentam simetria helicoidal enquanto estão envelopados, incluindo todos os vírus animais e humanos com simetria helicoidal. Os mixovírus (ortomixovírus e paramixovírus) e os rabdovírus são os principais vírus com esta forma estrutural específica. O ácido nucleico viral é rodeado por um capsídeo, formando um nucleocapsídeo flexível, enrolado de forma mais ou menos regular no virião, cujo invólucro é constituído por proteínas glicosiladas e lípidos.

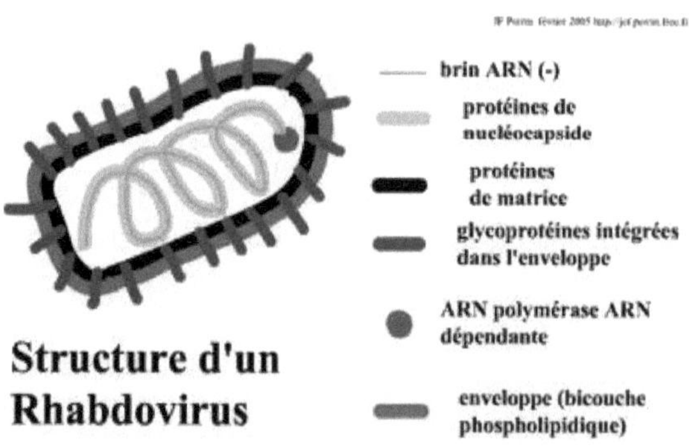

Figura 4: estrutura do vírus da raiva

O vírus da estomatite vesicular indiana (VSIV), o vírus da raiva (RABV) e o vírus do mosaico da luzerna (VMl-AMV) (figura) têm uma forma caraterística de bala. Uma proteína principal, a proteína n, envolve o ácido ribonucleico viral. Uma proteína matriz estabelece a ligação entre este nucleocapsídeo e o invólucro que envolve as espículas glicoproteicas.

O vírus da gripe tem uma arquitetura complexa, compreendendo até oito nucleocápsides distintos no interior de um envelope lipoproteico complexo, coberto por espículas constituídas por duas glicoproteínas de origem viral, a hemaglutinina e a neuraminidase, que desempenham um papel importante como determinantes antigénicos (ver ao lado o esquema de um nucleocapsídeo do vírus da gripe com uma representação simplificada da neuraminidase, uma representação simplificada da hemaglutinina e uma representação simplificada da proteína M2).

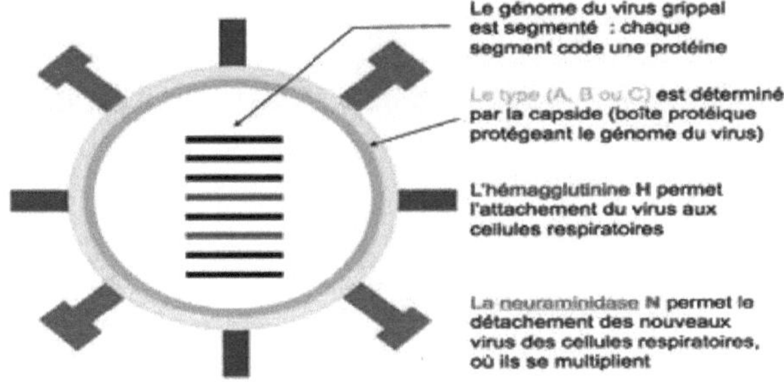

Figura 5: Estrutura do vírus da gripe

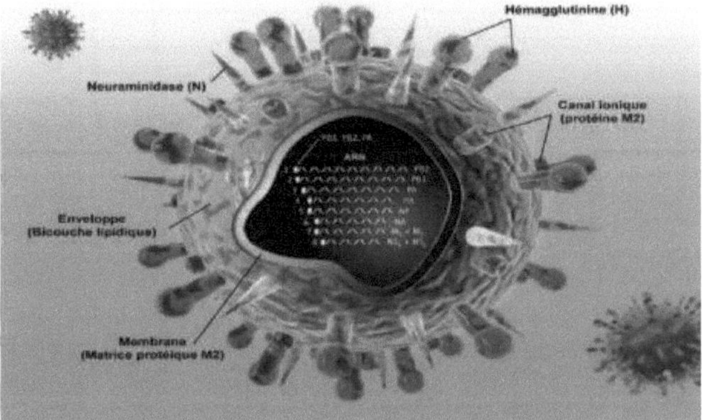

Figura 6: Estrutura do vírus da gripe

7. Vírus com simetria icosaédrica

A arquitetura dos vírus pequenos e esféricos há muito que intriga os cientistas, pois levanta uma série de questões interessantes: como é que um vírus cujo genoma se limita por vezes a alguns milhares de bases nucleotídicas é capaz de produzir um capsídeo complexo composto por várias centenas de proteínas? Como é que as subunidades proteicas são capazes de interagir umas com as outras? Qual é o tamanho do ácido nucleico que pode ser encapsulado neste tipo de estrutura?

É possível organizar subunidades proteicas simetricamente idênticas para criar uma estrutura quase esférica. Em teoria, é possível construir um tetraedro (quatro faces triangulares), um cubo (seis faces quadradas), um octaedro (oito faces triangulares), um dodecaedro (12 faces pentagonais) e um icosaedro, uma forma quase esférica com 20 faces triangulares (Figura).

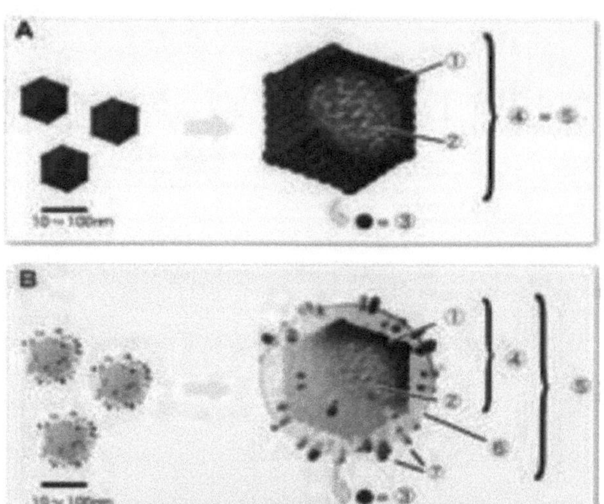

Figura 7: Estrutura icosaédrica

Esta estrutura corresponde aos dados obtidos no início dos anos 60 para uma série de pequenos vírus de aspeto esférico. É mais económico para o vírus encapsular o seu genoma num capsídeo formado por várias subunidades idênticas do que utilizar menos subunidades, mas maiores. Além disso, é pouco provável que um tetraedro possa conter o genoma de um vírus inteiro e, mesmo que um vírus conseguisse tal proeza, é provável que o capsídeo assim criado não cumprisse a sua função principal: proteger o genoma viral! É igualmente importante sublinhar que o tamanho do genoma que pode ser encapsulado num vírus de tipo icosaédrico é limitado em comparação com os vírus de capsídeo helicoidal, cujo comprimento é, em princípio, ilimitado...

O icosaedro é um poliedro regular com três eixos de simetria, 12 vértices, 20 faces que são triângulos equiláteros e 30 arestas.

Para um dado vírus, o número de proteínas necessárias para montar um capsídeo icosaédrico é indicado pelo número de triangulação T : t X 60 proteínas são necessárias para construir o capsídeo.

No caso dos vírus mais pequenos que se conhecem, como o fago 0174 (Microviridae), o número é igual a 1. Um exame atento das micrografias electrónicas mostra que o número e a quantidade de estruturas aparentes na superfície dos viriões não corresponde muitas vezes a um múltiplo de 60. Isto mostra que as proteínas na superfície do capsídeo não estão necessariamente agrupadas nos triângulos equiláteros que formam o pseudo-icosaedro, mas podem estar distribuídas de uma forma diferente. Estes grupos de proteínas são conhecidos como capsómeros.

8. Vírus com arquitetura complexa

Alguns vírus constroem os seus capsídeos de uma forma que não corresponde a padrões helicoidais ou icosaédricos. Por exemplo, os fagos da série t têm uma estrutura binária, envolvendo tanto elementos helicoidais como icosaédricos (Figura 8: Bacteriófago).

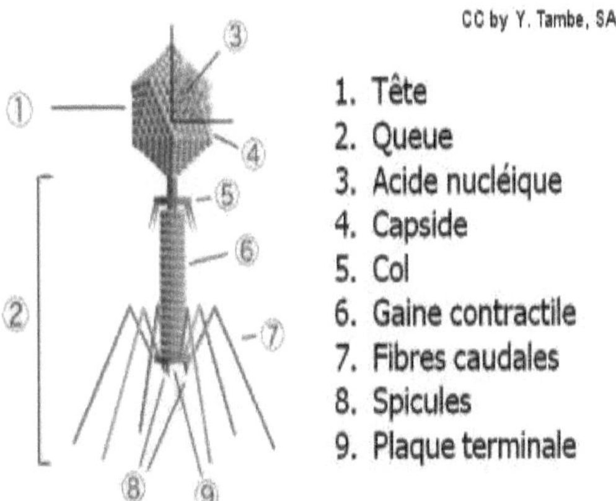

Figura 8: Estrutura de um vírus bacteriano

Critérios para distinguir os vírus

Essencialmente baseada no tipo de genoma viral, na estratégia replicativa ou na estrutura da partícula, a taxonomia dos vírus ocupa um lugar especial. O conceito de espécie viral, na ausência de reprodução sexual, é bastante específico. Esta secção também dá acesso a recursos para encontrar o nome de um determinado vírus, como a base de dados do Comité Internacional para a Taxonomia dos Vírus (ICTV).

A sistemática é o estudo dos tipos e da diversidade dos organismos e das relações entre eles. Esta disciplina fundamental combina a classificação dos organismos ou taxonomia, a nomenclatura utilizada para os nomear e as análises ligadas ao estudo da revolução dos organismos e da sua filogenia. No entanto, é geralmente aceite que a origem dos vírus é provavelmente múltipla e que as múltiplas recombinações e rearranjos entre genomas virais implicam a existência de organismos quiméricos e de genomas polifiléticos...

9. Noção taxonómica dos vírus

De um ponto de vista científico, é vital ter uma compreensão clara da designação dos vírus. No entanto, a classificação dos vírus é original em comparação com a nomenclatura binomial latina habitualmente utilizada para os organismos vivos.

Em termos práticos, a necessidade de dividir o mundo dos vírus em entidades facilmente identificáveis e universalmente aceites é a justificação para o desenvolvimento de um sistema de classificação. Iniciado em 1966 num congresso em Moscovo, foi criado um comité no âmbito da divisão de virologia da União Internacional das Sociedades de Microbiologia (ICTV, International Committee for taxonomy of viruses), com a tarefa de propor um esquema taxonómico para todos os vírus, sejam eles animais (vertebrados, invertebrados, protozoários), vegetais, algas, fungos ou bactérias...

9.1 Critérios de classificação de vírus

Os primeiros critérios utilizados para distinguir os vírus eram clínicos ou patológicos (por exemplo, o vírus do mosaico do tabaco, designado de acordo com a doença produzida), bem como elementos de natureza ecológica ou ligados ao modo de transmissão e ao vetor. Estes elementos continuam, evidentemente, a ser utilizados, mas estes agrupamentos funcionais, que podem ser utilizados por razões práticas, não são tidos em conta na taxonomia real dos vírus (por exemplo, a hepatite, causada por vírus muito diferentes entre si).

Com o desenvolvimento da microscopia eletrónica, a morfologia das partículas virais tornou-se o principal critério utilizado.

Embora a maioria dos vírus pudesse ser observada por microscopia, outros factores foram rapidamente tidos em conta, como a estabilidade (em diferentes níveis de pH, detergentes, temperaturas, etc.) e a antigenicidade.

Mas atualmente, os critérios essenciais utilizados na taxonomia são :

- o tipo de genoma viral e a sua organização
- estratégia de replicação viral (ver quadro abaixo para diagramas das diferentes formas de vírus ARN e ADN)
- a estrutura da partícula viral.

A classificação mais prática é provavelmente a baseada no tipo de ácido nucleico (ADN ou ARN) e no seu modo de expressão.

9.1.1 Classificação do sistema LHT

Baseia-se em quatro critérios, nomeadamente o tipo de genoma viral (ADN ou ARN), o tipo de simetria, a presença ou ausência de um envelope e o número de capsómeros. Esta classificação não inclui os vírus da hepatite (que não estão classificados).

R=Ácido nucleico ARN D=DNA	Resumo H- HelicoPidale C=cúbico	Nua (N) ou Envelope (E)	Grupos	Diâmetro da hélice (nm)	Número de capsómeros	Tipos
		N	Vírus Legumes	17		V.mosaico do tabaco (TMV)
R	H	E	Orthomyxo-viridae Paramyxo-viridae Rhabdo- viridae	9 18 18		M. influenzae A.B Paramixovírus1,2,3,4 Papeira V V de sarampo Vírus sincicial respiratório

						Raiva V
		N	Picorna viridae Reoviridae		32	Enterovírus : Poliovírus 1,2,3 Vírus ECHO 1,2..31 V. Coxsackie A, B
					92	Reovírus 1,2,3
D	C	E	Togaviridae			V de febre amarela Encefalite Sarampo
		N	Papova- Viridae Adeno virídeos		72 252	Verruga de polioma, Butterfly SV 40 Adenovírus 12 35
		E	Herpes Viridae		162	Herpes Zóster, varicela Inclusão Citomegalovírus Vírus Epstein-Barr
	H	E	Poxvírus	910		Varíola, vacina

NB : Limitações : Os Hepadnaviridae não foram classificados.

9.1.2 A classificação de Baltimore

Esta classificação, utilizada atualmente como base pelo ICTV, foi inicialmente proposta por David Baltimore, galardoado com o Prémio Nobel da Medicina em 1975.

Classificar os vírus de acordo com o seu genoma significa que, dentro de uma determinada categoria, todos se comportam da mesma forma, o que dá algumas indicações sobre a necessidade de mais investigação. A classificação é :

Vírus de ADN: Grupos I e II :

- Grupo I: Vírus de ADN de cadeia dupla (Adenovírus, Herpesvírus, Poxvírus) - Grupo II: Vírus de ADN de cadeia simples: ADN com polaridade (+) (Parvovírus)

Vírus ARN: Grupos III, IV e V :

• Grupo III: Vírus de ARN de cadeia dupla (Reovirus)

• Grupo IV: Vírus de ARN de cadeia simples polar-positivos: ARN polar-positivo (+) (Picornavírus, Togavírus, Coronavírus)

• Grupo V: Vírus de ARN de cadeia simples de polaridade negativa: ARN de polaridade negativa (-) (Orthomyxovirus, Rhabdovirus)

Vírus de transcrição reversa: Grupos VI e VII :

• Grupo VI: Retrovírus com ARN de cadeia simples: ARN com polaridade positiva (+) com ADN intermédio no ciclo de vida (Retrovírus)

• Grupo VII: Pararetrovírus de ADN de cadeia dupla (Hepadnavírus)

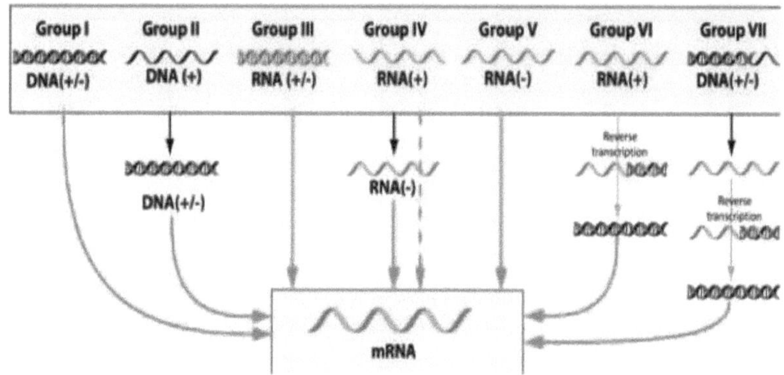

Figura 9: Classificação dos vírus de acordo com David Baltimore

Vírus de ADN

Grupo I: Vírus de ADN de cadeia dupla

Este tipo de vírus tem normalmente de entrar no núcleo da célula hospedeira antes de se poder replicar. Além disso, estes vírus necessitam da polimerase do ADN da célula hospedeira para replicar o genoma viral, pelo que são altamente dependentes do ciclo celular. A propagação da infeção e a produção de novos vírus requerem que a célula esteja numa fase de replicação, uma vez que é nesta fase que as polimerases da célula estão activas. O vírus pode induzir a divisão celular forçada e, quando esta ocorre de forma crónica, pode levar à transformação celular e, em última análise, ao cancro. Os exemplos conhecidos incluem os Herpesviridae, Adenoviridae e Papovaviridae.

Existe apenas um exemplo bem estudado de um vírus do grupo I que não se replica no núcleo, que é a família dos poxvírus, um grupo de vírus altamente patogénicos que infectam vertebrados, um dos quais é o vírus da varíola.

Grupo II: Vírus de ADN de cadeia simples

Os vírus que se enquadram nesta categoria incluem certos agentes infecciosos que não foram tão bem estudados, mas que estão intimamente relacionados com os vertebrados. Dois exemplos são os Circoviridae e os Parvoviridae. Replicam-se no núcleo e formam um ADN intermediário de cadeia dupla durante a replicação. Um circovírus humano generalizado, mas assintomático, denominado Vírus de Transmissão Transfusional (TTV), pertence a este grupo.

Vírus ARN

Grupo III: Vírus de ARN de cadeia dupla

Tal como acontece com a maioria dos vírus de ARN, os vírus deste grupo replicam-se no citoplasma, sem terem de utilizar as polimerases da célula hospedeira, tal como os vírus de ADN. Esta família não foi tão bem estudada como as outras e inclui duas grandes subfamílias, os Reoviridae e os

Birnaviridae. A replicação é monocistrónica e individual, em segmentos de genoma, o que significa que cada gene codifica uma única proteína, ao contrário de outros vírus, cuja transcrição é mais complexa.

Grupos IV e V: vírus de ARN de cadeia simples

Estes vírus são de dois tipos, ambos partilhando o facto de a replicação ocorrer essencialmente no citoplasma e de a replicação não estar tão dependente do ciclo celular como nos outros vírus de ADN. Esta categoria de vírus é uma das mais bem estudadas, juntamente com os vírus de ADN de cadeia dupla.

Grupo IV: Vírus de ARN de cadeia simples com polaridade positiva

(Vírus (+) ssRNA ou tipo de ARN mensageiro)

A polaridade positiva dos vírus de ARN e, por conseguinte, o facto de todos os genes serem definidos como **sentido,** permite que os ribossomas do hospedeiro os descodifiquem diretamente e sintetizem imediatamente proteínas. Estes vírus podem ser divididos em dois grupos, ambos replicando-se no citoplasma:

• Vírus com ARN mensageiro policistrónico em que o ARN genómico forma ARNm e é traduzido em poliproteínas que são depois clivadas para formar proteínas maduras. Isto significa que o gene pode utilizar vários métodos para produzir proteínas a partir da mesma cadeia de ARN, tudo com o objetivo de reduzir o tamanho do seu genoma.

• Vírus com transcrição complexa, para a qual pode ser necessário o ARNm subgenómico, o envolvimento de ribossomas e o processamento proteolítico de poliproteínas. Todos estes mecanismos diferentes produzem proteínas a partir da mesma cadeia de ARN.

Exemplos desta categoria incluem as famílias Astroviridae, Caliciviridae, Coronaviridae, Flaviviridae, Picornaviridae, Arteriviridae e Togaviridae.

Grupo V: Vírus de ARN de cadeia simples polarizados negativamente

Os vírus de ARN de polaridade negativa e mesmo o conjunto de genes definidos como **anti-sentido não podem ser** descodificados diretamente pelas polimerases do hospedeiro para produzir imediatamente proteínas. Em vez disso, têm de ser transcritos pelas polimerases virais para uma forma de polaridade positiva "legível". Estes genes podem também ser divididos em dois grupos:

• Vírus que contêm um genoma não segmentado e cuja primeira fase de replicação é a transcrição da cadeia (-) do genoma pela polimerase viral dependente de ARN em ARNm monocistrónico que codifica as várias proteínas virais. É então produzida uma cópia (+) do genoma que serve de modelo para a produção de uma cadeia (-) do genoma. A replicação ocorre no citoplasma.

• Vírus com um genoma segmentado, cuja replicação ocorre no núcleo da célula e cuja RNA polimerase viral monocistrónica dependente de RNA produz um mRNA a partir de cada segmento do genoma. A diferença mais importante entre os dois é a localização da replicação.

Exemplos desta categoria incluem as famílias Arenaviridae, Orthomyxoviridae, Paramyxoviridae, Bunyaviridae, Filoviridae e Rhabdoviridae (esta última família inclui o vírus da raiva).

Transcrição reversa de vírus de ADN ou ARN:

Estes vírus utilizam a *transcriptase* **reversa** (**RT**), uma enzima que transcreve a informação genética dos vírus de ARN para ADN, que pode depois ser integrado no genoma do hospedeiro.

Grupo VI: Retrovírus de ARN de cadeia simples

Uma família bem estudada nesta classe de vírus é a dos retrovírus. Uma caraterística fundamental é a utilização da transcriptase reversa para converter o ARN de polaridade positiva em ADN. Em vez de utilizarem o ARN para as matrizes proteicas, utilizam o ADN para criar matrizes que são enxertadas no genoma do hospedeiro utilizando a integrase. A replicação pode então começar com a ajuda das polimerases da célula hospedeira. Um exemplo bem estudado é o VIH.

Grupo VII: Pararetrovírus de ADN de cadeia dupla

Este pequeno grupo de vírus, exemplificado pelo vírus da hepatite B (parte da família Hepadnaviridae), inclui vírus de cadeia dupla com um genoma não sobreposto que é depois completado para formar um anel apertado ligado covalentemente (ADN ccc) que serve de modelo para a produção de ARNm viral e ARN subgenómico. O ARN pré-genómico serve de modelo para a transcriptase reversa viral e para a produção de ADN genómico.

9.1.3 O conceito de espécie viral

Existem, evidentemente, diferenças fundamentais entre os vírus e os outros organismos, que explicam a nomenclatura específica adoptada para estes últimos, nomeadamente o parasitismo e a ausência de reprodução sexual. O conceito de espécie viral é, de facto, muito especial!

A espécie viral é assim considerada como uma entidade biológica que forma uma classe politética de vírus, constituída pelos seus descendentes e delimitada pela ocupação de um determinado nicho ecológico.

Isto significa que a espécie viral é definida com base num certo número de critérios, por vezes de ordem diferente. No entanto, não é necessário que todos os critérios sejam satisfeitos para associar um determinado vírus à espécie.

Isto significa também que uma espécie de vírus pode ser definida com base em critérios físicos, como a natureza de um ARN ou a presença de um invólucro lipídico, mas também em critérios biológicos e relacionais, como o espetro de hospedeiros de um vírus ou a necessidade de um inseto vetor.

Foram propostos vários critérios para delimitar uma espécie viral:
- Exemplo: ver Árvore filogenética da família Papillomaviridae;
- propriedades físico-químicas do virião ;
- as propriedades antigénicas das proteínas virais ;
- o espetro "natural" do hospedeiro;
- tropismo celular e tecidular ;
- patogénese e citopatologia ;
- o modo de transmissão.

9.1.4 Especificidade da taxonomia viral

Existem, evidentemente, diferenças fundamentais entre os vírus e os organismos celulares, o que explica a nomenclatura específica adoptada para estes últimos. Os nomes utilizados para determinar as ordens (sufixo -virales, por exemplo, Mononegavirales), as famílias (-viridae, Luteoviridae), as subfamílias (- virinae, Paramyxovirinae) e os géneros (-virus, Retrovirus) são apresentados em latim e itálico, como para os outros organismos.

Por outro lado, para os nomes das espécies virais, a nomenclatura oficial é anglófona e inclui uma designação vernácula do vírus como [doença] seguida de [vírus]. O nome da espécie viral é escrito em maiúsculas para o primeiro termo e para os nomes próprios incluídos no nome, e também em itálico (Tobacco mosaic virus, East African cassava mosaic virus).

O oitavo relatório do ICTV confirma a existência de *3 ordens, 73 famílias, 9 subfamílias, 287 géneros e mais de 5450 vírus agrupados em 1950 espécies*. Inclui também (por tradição) descrições de outros agentes, tais como vírus satélite, viróides e agentes de encefalopatias espongiformes ou priões.

As novas tecnologias da informação permitem atualmente aceder muito rapidamente a uma grande quantidade de informação. O ICTV desenvolveu uma base de dados que inclui os nomes e as descrições dos vírus conhecidos, bem como ferramentas informáticas para a sua identificação.... Outros sítios Web são interessantes pelo valor da informação que contêm, como os sítios do banco de sequências (International Nucleotide Sequence Database Collaboration, que inclui os sítios GenBank e EMBL), a base de dados VIDE para os vírus das plantas e o DPV.

10. Colecções e conservação de vírus

Tal como no caso das plantas, é impossível manter um único tipo de vírus. No entanto, cada espécie viral tem um tipo (chamado espécie-tipo), que é uma espécie de referência escolhida para essa espécie. No entanto, embora seja impossível conservar um vírus sob a forma de um herbário, foram desenvolvidos vários métodos de conservação. Existem várias colecções cujo objetivo é conservar e disponibilizar estirpes de vírus.

11. Ciclo viral

A interação específica entre uma proteína viral e um recetor celular permite que o vírus se ligue à célula e introduza o seu genoma. Este desempenha dois papéis essenciais na célula infetada: em primeiro lugar, assegura a expressão das proteínas virais; em segundo lugar, é replicado e depois encapsidado para gerar novos viriões infecciosos. Estes são libertados pela célula infetada e podem então propagar a infeção. Uma vez que a replicação do genoma viral e a expressão das proteínas virais dependem, em grande medida, de uma maquinaria celular compartimentada, o ciclo de replicação dos vírus numa célula varia muito em função da natureza do vírus e do seu genoma.

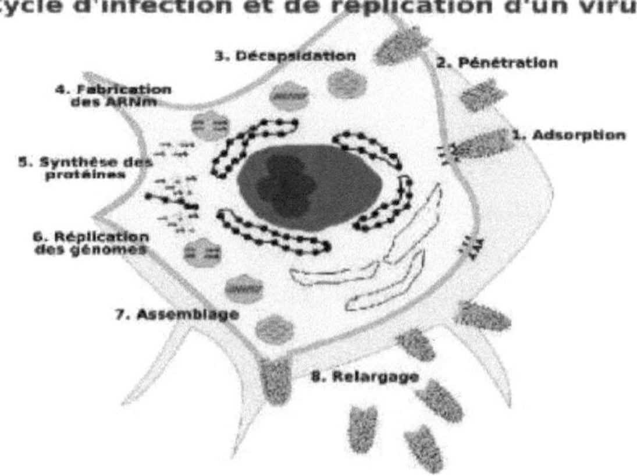

Figura 10: Ciclo de desenvolvimento de um vírus numa célula hospedeira

1. **Fixação**, penetração e decapsidação, conduzindo à internalização do genoma viral na célula-alvo.
2. **A expressão dos genes** e a **replicação** que, respetivamente, sintetizam as proteínas codificadas pelo genoma viral e permitem a multiplicação deste genoma.
3. **Montagem e libertação** que conduzirá à produção e libertação de partículas virais infecciosas, capazes de propagar a infeção a outras células.

11.1. Fixação, penetração (entrada) e descapsidação do vírus

É considerado o caso particular dos vírus das plantas.

11.1.1 Anexos

- A primeira fase da infeção ocorre quando o vírus encontra a célula-alvo (adsorção). Em seguida, ocorre a fixação do vírus à célula, na sequência do reconhecimento de um recetor que é específico do vírus e que corresponde geralmente a uma proteína de superfície da célula-alvo. A expressão deste recetor é frequentemente limitada a certos tipos de células ou tecidos. O recetor é, portanto, geralmente um determinante crucial do tropismo de um vírus.

- Do lado do vírus, o reconhecimento do recetor celular é efectuado por um componente externo do virião. No caso dos vírus com envelope, as glicoproteínas do envelope viral são responsáveis pelo reconhecimento de um recetor na célula a ser infetada. No caso dos vírus nus, esta interação é mediada por proteínas do capsídeo.

Recetor viral e interação vírus-recetor

- O **recetor** utilizado pelos vírus para se ligarem à célula hospedeira é uma molécula na superfície dessa célula. Pode ser uma proteína de membrana (mais frequentemente), um açúcar (muitas vezes ligado a uma proteína), proteoglicanos, um glicosaminoglicano como o sulfato de herapan...

- Este recetor não é expresso pela célula com o objetivo de favorecer a infeção por vírus. Desempenha geralmente um papel fisiológico importante para a célula em questão: interação com as células vizinhas, captação e transporte de compostos extracelulares .

A molécula CD4, expressa por certos linfócitos T e macrófagos. Esta molécula é essencial para o funcionamento dos linfócitos T CD4+, permitindo-lhes interagir com as moléculas do complexo principal de histocompatibilidade de classe II expressas pelas células apresentadoras de antigénios.

- A interação entre o vírus e o recetor é específica. Cada espécie de vírus evoluiu para reconhecer um determinado recetor. Existem, no entanto, alguns casos de vírus de espécies diferentes que utilizam um recetor comum.

- **Co-recetor**: Por vezes, a infeção de uma célula implica o reconhecimento de mais do que uma molécula celular. Nestes casos, fala-se de um recetor e de um co-recetor.

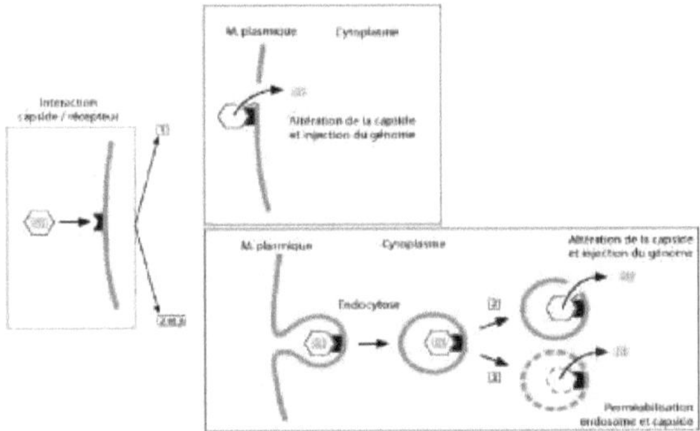

Figura 11: Fixação e penetração de um vírus numa célula hospedeira

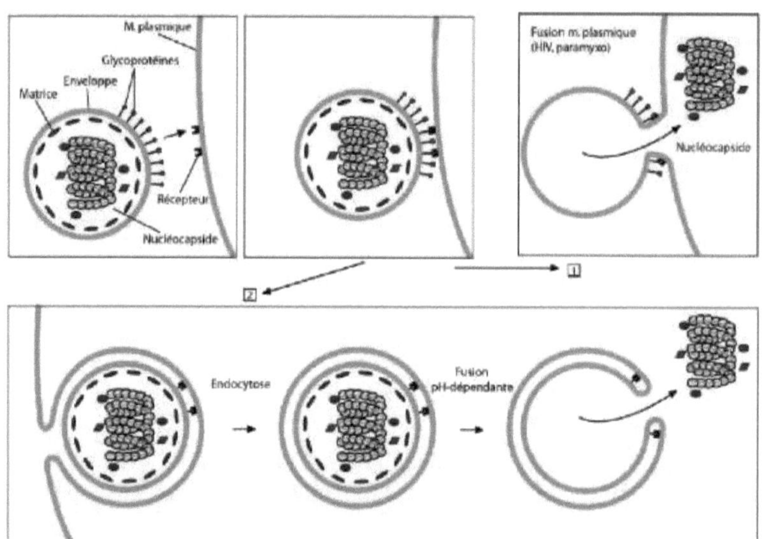

Figura 12: Penetração de um vírus numa célula hospedeira e decapsidação

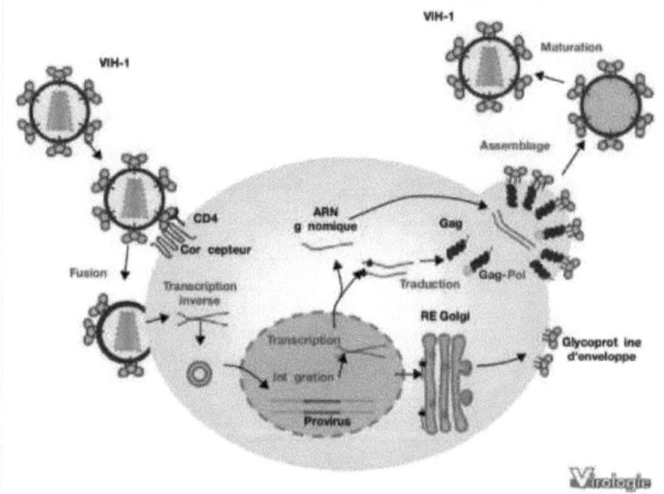

Figura 13: Penetração e replicação do VIH numa célula hospedeira

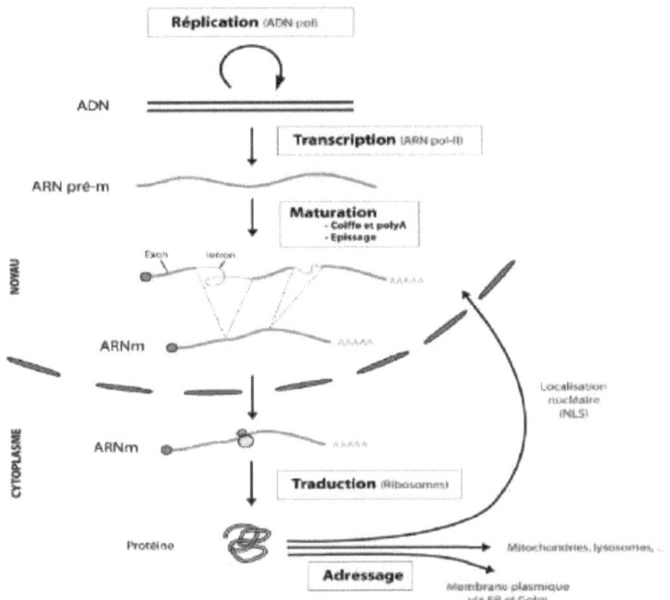

Figura 14: Replicação, transcrição e síntese de proteínas virais por um vírus numa célula hospedeira

11.1.2 Interação entre o vírus e o recetor

A interação entre o virião e o recetor é uma interação física que envolve ligações do mesmo tipo que as que ocorrem classicamente entre as moléculas biológicas: formação de pontes de hidrogénio, ligações electrostáticas (complementaridade de cargas), interação de domínios hidrofóbicos, etc. A complementaridade dos domínios em interação é muito precisa e a afinidade do virião pelo recetor pode, portanto, ser significativa.

11.1.3 Penetração e descapsidação

As fases de penetração e de decapsidação resultam na libertação do genoma viral na célula-alvo. À medida que o genoma viral penetra na célula, é parcial ou totalmente despojado das proteínas que o protegem no virião: este processo de despojamento é designado por "decapsidação". O genoma que acaba no citoplasma da célula pode estar "livre" (geralmente o caso dos vírus ARN+ ou ADN) ou permanecer associado a nucleoproteínas sob a forma de um "nucleocapsídeo" (o caso dos vírus ARN- ou, temporariamente, dos retrovírus). A entrada e a descapsidação são fenómenos dinâmicos, pelo que são difíceis de estudar e relativamente pouco se sabe sobre eles. Dependendo da natureza do vírus, estas fases variam consideravelmente.

(Esquemas do nucleocapsídeo. O nucleocapsídeo é o complexo formado entre o genoma viral e as proteínas que o cobrem).

12. Vírus nus: os vírus nus (não envelopados) "injectam" o seu genoma no citoplasma da célula. Isto pode ocorrer na membrana plasmática, após a interação do capsídeo com o recetor. Também pode ocorrer após a endocitose. O genoma é então "injetado" através da parede do endossoma. Pensa-se que, em alguns casos, o capsídeo e o endossoma sofrem alterações que os tornam permeáveis à passagem do genoma viral.

13. Vírus envelopados: os vírus envelopados têm em comum o facto de a entrada do seu genoma no citoplasma da célula hospedeira implicar uma etapa de fusão entre duas membranas: o envelope viral e a membrana da célula hospedeira. Esta fusão é efectuada por determinadas glicoproteínas do invólucro do vírus.

- Para alguns destes vírus, a ligação ao recetor expresso na superfície celular funde diretamente o envelope viral com a membrana plasmática da célula.
- Para outros vírus com envelope, a interação com o recetor de superfície celular induz a endocitose do complexo vírus-recetor. A fusão ocorre então entre o envelope viral e a membrana do endossoma.

14. Termos e condições para a entrada de vírus nus (não envelopados).

As proteínas do capsídeo viral interagem com o recetor da célula-alvo. Para alguns vírus (1), isto desencadeia uma "alteração" do capsídeo, que "injecta" o genoma através da membrana plasmática. Para outros (2 e 3), a alteração ocorre após a endocitose do complexo vírus-recetor. A alteração do capsídeo conduz quer à injeção do genoma do vírus através da membrana do endossoma (2), quer à permeabilização do capsídeo viral e do endossoma (3) (os rinovírus parecem utilizar estas duas últimas estratégias).

15. Como é que os vírus com envelope entram na célula.

A entrada de vírus com envelope envolve uma etapa de fusão entre o envelope do vírus e a membrana celular. No caso dos vírus com invólucro (1), como o vírus da SIDA ou os paramixovírus, a etapa de fusão ocorre diretamente na membrana plasmática da célula. Outros vírus (2) utilizam a via da endocitose, através de vesículas de clatrina (cavidades revestidas), um tipo de vesícula de endocitose, ou através da via do caveossoma. Em geral, a descida do pH dos endossomas provoca uma alteração da conformação da glicoproteína viral, que desencadeia a fusão da membrana do vírus (envelope) com a da vesícula de endocitose. Após a fusão das membranas, o nucleocapsídeo é libertado no citoplasma da célula.

15.1 Fusão de membranas

Tanto no caso dos vírus nus como dos vírus com envelope, são frequentemente necessários dois sinais distintos e o envolvimento de várias proteínas virais e celulares para assegurar a entrada no genoma e a descapsidação. O primeiro sinal é a interação do vírus com o recetor. O segundo sinal pode ser uma queda do pH, da temperatura ou a interação com um co-recetor secundário necessário para a entrada do vírus. Alguns vírus ligam-se sequencialmente, primeiro a um recetor e depois a um co-recetor.

Entrada do vírus coxsackie nas células epiteliais

Diagrama esquemático da entrada do vírus coxsackie nas células epiteliais

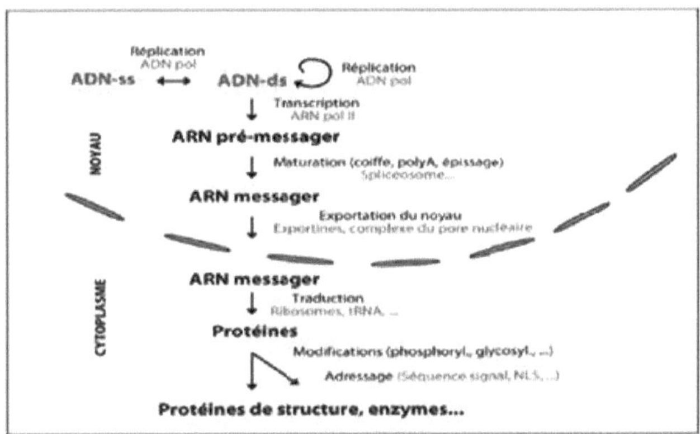

Figura 15: Replicação, transcrição e síntese de proteínas virais do vírus coxsackie em células epiteliais de hdte

1. Fixação do vírus ao recetor DAF.
2. Ativação das cinases Abl e Fyn.
3. A quinase Abl induz a migração do complexo vírus-recetor.
4. Migração do complexo vírus-recetor para o lado da célula.
5. Interação do vírus com o recetor CAR.
6. A quinase Fyn induz a endocitose do complexo.
7. Endocitose e descapsidação do vírus.

Panorama des virus d'interêt médical et transmission

Virus à ADN		Virus à ARN	
Nus	**Enveloppés**	**Nus**	**Enveloppés**
Adéno D R ∞ **Papilloma** C S ∞ **JC et BK virus** ∞ **Parvo B19** R	*Herpesviridae*∞ : - **Herpes simplex** M S G ∞ - **Varicelle-Zona** R ∞ - **CMV** S M G T ∞ - **E-BV** S M G T ∞ - **HHV-6 à 8** ∞ - **Herpes B du singe** C ᴬᴬᴬ	**Entérovirus** D **HAV** D **Rhinovirus** R **Rotavirus** D **Astrovirus** D **Calicivirus** D	**Myxovirus Influenza :** - **Grippe** R *Paramyxoviridae* : - **Para-Influenza** R - **Oreillons** R - **Rougeole** R (∞) - **RS** R *Coronaviridae* R **Rubéole** R *Flaviviridae* : - **Fièvre jaune** C ᴬᴬᴬ - **HCV** G T C ∞ **Rage** C (G) ᴬᴬᴬ **Lassa, Hanta** R ᴬᴬᴬ **Ebola, Marbourg** R ᴬᴬᴬ *Retroviridae*∞ : - **HIV-1 et 2** S M G T C ∞ ᴬᴬᴬ - **HTLV-1 et 2** S M G T C ∞
Virus complexes : **HBV** S M T C ∞ *Poxviridae* : -**Variole** R ᴬᴬᴬ -**Vaccine** C			

D **Voie digestive**
R **Voie respiratoire**
M **Echanges mère-enfant**
S **Voie sexuelle**
T **Transfusion sanguine**
G **Greffe**
C **Voie transcutanée**
∞ **Infection virale persistante**

A part, les prions ou ATNC ᴬᴬᴬ **(protéine autoréplicable ?)** G **et sans doute** D, T **pour l'ESB**

ᴬᴬᴬ **Haute mortalité**

16. Caso especial dos vírus das plantas

As plantas distinguem-se da maioria dos outros organismos pelas suas paredes celulares espessas, que são constituídas por celulose e outros materiais. Não existe endocitose e os processos de fusão de membranas não são comuns. Consequentemente, a entrada dos vírus das plantas ocorre, na maioria das vezes, por invasão: quer através de insectos, nemátodos ou protozoários que parasitam as plantas, quer por inoculação mecânica. Alguns vírus de plantas são transmitidos eficazmente por meios vegetativos (estacas, tubérculos, etc.) ou através de pólen e sementes.

A forma como os vírus vegetais se propagam no interior do organismo também varia significativamente da dos vírus animais ou dos bacteriófagos. As células vegetais estão ligadas por plasmodesmas, poros cujo diâmetro (cerca de 20 nm) é variável. O vírus pode assim propagar-se de uma célula para outra sem passar por uma fase de "virião extracelular". Assim, ultrapassa as fases de libertação e de entrada. Para transmitir o seu genoma ou nucleocápside de uma célula para outra, os vírus vegetais exprimem geralmente uma ou mais proteínas de movimento que modulam o funcionamento dos plasmodesmas. Além disso, podem implementar mecanismos complexos que favorecem a sua transmissão de planta para planta pelo seu vetor.

16.1 Expressão e replicação dos genes virais

- No interior da célula, o genoma viral desempenha dois papéis distintos. Em primeiro lugar, é utilizado para assegurar a expressão das proteínas virais, que são necessárias para a replicação do vírus e, em seguida, para a formação de novas partículas virais. Em segundo lugar, é multiplicado ("replicado") antes de ser encapsidado para formar novas partículas virais.

- a natureza do genoma viral determina, em grande medida, a estratégia que cada vírus seguirá para tirar o melhor partido da maquinaria celular, a fim de assegurar a expressão genética viral e a replicação do genoma. É de notar que a célula é um espaço compartimentado em que diferentes fases de replicação, expressão génica ou abordagem proteica podem ocorrer em compartimentos distintos.

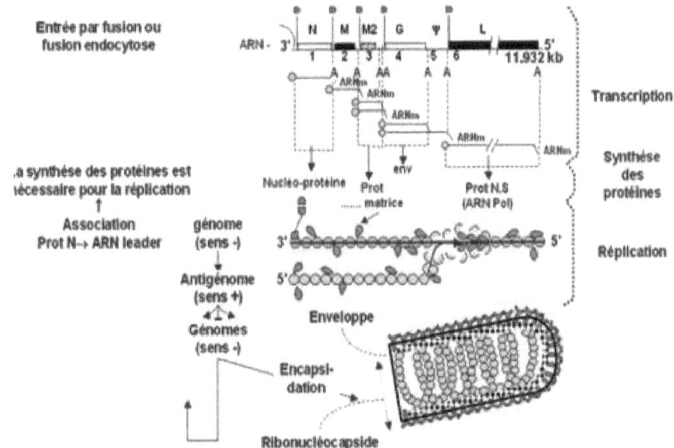

Figura 16: Expressão de genes virais e replicação de um vírus numa célula hdte

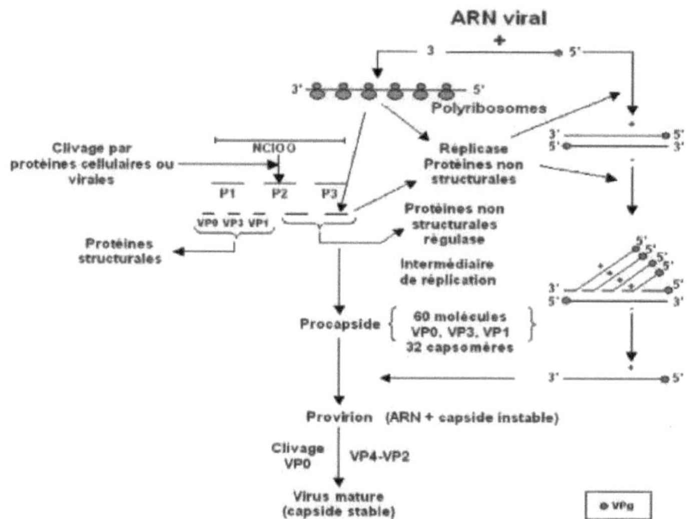

Figura 17: Expressão de genes virais e replicação de um vírus RNA+ numa célula hdte

16. Compartimentação da célula eucariótica

Numa célula eucariótica, a replicação, a transcrição e a maturação dos ARN mensageiros (ARNm) têm lugar no núcleo. A tradução dos mRNAs em proteínas ocorre no citoplasma. As proteínas produzidas são depois enviadas para o compartimento onde vão exercer a sua ação: núcleo, citoplasma, retículo endoplasmático, lisossomas, mitocôndrias, membrana, etc.

17.1 Vírus de ADN

Os vírus de ADN de cadeia dupla (grupo I segundo Baltimore) utilizam geralmente a maquinaria celular, tanto para a sua replicação como para a transcrição dos seus genes em ARNm e, em seguida, para a maturação destes ARNm. O seu ciclo é, portanto, nuclear.

Apesar do seu ciclo nuclear (e, por conseguinte, apesar da presença das enzimas celulares necessárias para a replicação e a transcrição), os vírus do herpes codificam a sua própria ADN polimerase, o que lhes confere um grau de independência do ciclo celular para a replicação. Os vírus da família Poxviridae, como o vírus da vaccinia, constituem uma exceção notável. Estes vírus têm um ciclo de replicação citoplasmático. Por conseguinte, estes vírus codificam todas as enzimas responsáveis pela replicação do ADN viral e as enzimas necessárias para produzir o ARNm.

No caso dos vírus de ADN, a expressão dos genes é regulada ao longo do tempo. Alguns vírus, como os parvovírus, têm um genoma de cadeia simples (ADN de cadeia simples) (grupo II de Baltimore). No entanto, estes vírus utilizam as polimerases de ADN celulares para a replicação (que assume transitoriamente uma forma de cadeia dupla) e a polimerase II de ARN celular para a transcrição do genoma em ARNm.

- a dependência da replicação viral das enzimas celulares significa que as próprias células devem estar na fase de replicação. Por exemplo, os parvovírus infectam preferencialmente, se não exclusivamente, células em mitose.

17.1.1 Replicação de vírus de ADN.

O genoma dos vírus de ADN (com exceção dos Poxvírus) é replicado no núcleo. É geralmente replicado e transcrito por polimerases celulares (a azul no diagrama). O genoma dos vírus de ADN de cadeia simples (ssDNA) é convertido em ADN de cadeia dupla (dsDNA) pela polimerase celular. A maquinaria celular é responsável pela maturação e tradução do mRNA.

17.2. Vírus ARN

Os vírus de ARN têm um ciclo de replicação citoplasmático. Nenhuma enzima nuclear da célula pode ser útil para a replicação ou transcrição, uma vez que, até à data, não foi encontrada nas células dos mamíferos nenhuma polimerase de ARN dependente de ARN capaz de transcrever segmentos longos de ARN. Por conseguinte, os vírus de ARN codificam a sua própria polimerase. A polimerase viral é geralmente uma enzima multifuncional que replica o genoma, transcreve em ARNm e, por vezes, adiciona capas e caudas de polia aos ARNs mensageiros. Ao replicarem-se no citoplasma das células, podem explorar a presença de ribossomas celulares para assegurar a tradução dos seus ARNm. Alguns vírus ARN, como o vírus da gripe (Orthomyxovirus) ou o vírus Borna (família Bornaviridae, relacionada com a Rhabdoviridae), constituem uma exceção a esta regra, replicando-se no núcleo da célula. Estes vírus exploram a maquinaria de splicing da célula (núcleo) para aumentar a sua capacidade de codificação, através de splicing diferencial.

RNA-polimerase / Actividades dependentes de RNA

17.2.1. Estas polimerases sintetizam moléculas de ARN que são complementares a um molde de ARN. Podem sintetizar cadeias de RNA+ ou RNA- correspondentes a genomas ou "antigenomas", copiando todo o molde. O sinal de iniciação reconhecido é então um "promotor" situado na extremidade da molécula molde.

17.2.2. Estas polimerases podem igualmente reconhecer promotores e sinais de terminação da transcrição no interior da molécula-modelo, nomeadamente para sintetizar ARNm subgenómicos. Algumas destas enzimas são capazes de formar uma capa na extremidade 5' e uma cauda poli A na extremidade 3' das moléculas de ARNm transcritas.

17.2.3. Vírus com ARN positivo (ARN+) (grupo IV de Baltimore)

Os RNAs que têm a mesma polaridade que o RNA mensageiro que codifica as proteínas são conhecidos como "RNA de polaridade positiva" ou "RNA+". A maioria (se não todos) dos vírus de ARN+ tem um genoma que possui os sinais necessários para ser traduzido diretamente pelos ribossomas da célula hospedeira.

Em alguns vírus, como os Picornavírus ou os Flavivírus, todas as proteínas virais podem ser sintetizadas a partir do ARN genómico. Nestes vírus, uma única estrutura de leitura aberta (OrF) sintetiza uma poliproteína que é clivada por um processo auto-catalítico (proteases virais contidas na poliproteína) para fornecer todas as proteínas virais.

Noutros vírus, como os togavírus ou os coronavírus, apenas algumas das proteínas podem ser produzidas utilizando o genoma como ARNm. Estas proteínas incluem a polimerase viral. Esta polimerase sintetiza uma cadeia complementar do genoma (antigenoma) e, em seguida, sintetiza o ARNm genómico ou subgenómico, que é utilizado para traduzir as outras proteínas virais (frequentemente as proteínas estruturais).

17.2.4. Replicação de vírus ARN+ (sem ARNm subgenómico)

O genoma de alguns vírus ARN+ codifica uma única poliproteína que é clivada por uma ou mais proteases virais para dar origem a todas as proteínas necessárias para o ciclo viral. Neste caso, todas as proteínas do vírus são traduzidas a partir do ARN genómico. O genoma é replicado por uma polimerase viral, que copia o ARN genómico (+) para ARN anti-genómico (-) e depois copia este ARN anti-genómico de novo para ARN genómico.

O ciclo de replicação dos vírus RNA+ é citoplasmático. A replicação e a transcrição são efectuadas por uma polimerase viral. A tradução é efectuada pela maquinaria celular.

Uma vez que o genoma dos vírus ARN+ é geralmente reconhecido como ARNm pela maquinaria celular, é fácil obter clones infecciosos destes vírus.

17.2.5. Vírus RNA negativos (RNA-) (Grupo V de Baltimore)

- Os vírus de ARN negativo (ARN) (rabdovírus, paramixovírus, ortomixovírus) têm um genoma cuja polaridade é complementar à dos ARN mensageiros. Tal como no caso dos vírus RNA+, a polimerase utilizada por estes vírus é codificada pelo genoma viral. Trata-se de uma polimerase de ARN dependente de ARN que efectua as funções de transcrição e replicação do genoma.

- Para a transcrição, a polimerase codificada pelo vírus forma, a partir do genoma RNA, mRNAs subgenómicos correspondentes a cada "gene". Estes ARNm são depois retomados pelos ribossomas celulares para serem traduzidos.

¯Para a replicação, a mesma polimerase sintetiza um anti-genoma (uma cópia complementar de todo o genoma) que serve de modelo para a produção de novos genomas de ARN.

- 7.2.2.1 Replicação de vírus ARN (-)

-O genoma dos vírus ARN- é transcrito em ARNm subgenómico pela ARN polimerase viral. Esta mesma RNA polimerase também replica o genoma viral (RNA- > RNA+ > RNA-). A tradução dos mRNAs é efectuada pelos ribossomas celulares.

Alguns vírus são designados vírus de ARN ambisense (como é o caso de certos arbovírus, como os Bunyavírus, os Tospovírus ou os Arenavírus) porque não se pode atribuir ao seu genoma qualquer polaridade. ¯De facto, o seu genoma é semelhante ao de certos vírus ARN. No entanto, embora a maioria dos ARN mensageiros seja complementar ao genoma, algumas proteínas são produzidas por ARNm que têm as mesmas polaridades que o genoma. Por conseguinte, em rigor, não é possível definir uma cadeia + e uma cadeia -, daí a designação "vírus de ARN ambisense".

¯Note-se que é necessária uma etapa de transcrição para produzir o ARNm viral a partir do genoma de ARN. A RNA polimerase viral não pode, portanto, ser produzida pelas células infectadas sem a transcrição prévia do genoma em mRNA (pela RNA polimerase viral). ¯Por conseguinte, os vírus de ARN são obrigados a transportar algumas cópias da polimerase viral no seu virião para iniciar o seu ciclo de replicação na célula hospedeira.

17.2.6.   Vírus de ARN de cadeia dupla (dsRNA) (Grupo III de Baltimore)

Alguns vírus, como os Reovírus, Rotavírus e Birnavírus, têm um genoma segmentado constituído por ARN de cadeia dupla. A cadeia de ARN serve de modelo para a produção dos vários ARN mensageiros. Tal como acontece com outros vírus de ARN, uma polimerase codificada pelo vírus é responsável pela transcrição e replicação do genoma.

17.3. Vírus que utilizam transcriptase reversa

Os retrovírus (HIv, Htlv, etc.), os hepadnavírus (vírus da hepatite B) e os caulimovírus (vírus do mosaico da couve-flor) são únicos pelo facto de codificarem uma transcriptase reversa (RT) que, durante o seu ciclo de replicação, converte o ARN+ viral em ADN de cadeia dupla (retrotranscrição). No caso dos retrovírus, é a molécula de ARN que é encapsidada para formar o virião, e a retrotranscrição tem lugar quando o nucleocapsídeo viral entra no citoplasma da célula infetada (grupo VI de Baltimore). Nos outros dois casos (Hepadnavirus e Caulimovirus), a retrotranscrição ocorre quando o vírus deixa o citoplasma da célula infetada. Trata-se, portanto, de um genoma de ADN encapsidado para formar viriões (grupo VII segundo Baltimore).

17.3.1 Replicação dos retrovírus

O genoma do retrovírus é um ARNm inicialmente transcrito pela RNA polimerase II celular. A transcriptase reversa recopia este ARN em ADN de cadeia dupla, que migra para o núcleo e é integrado no genoma da célula. O RNAm viral transcrito pela RNA polimerase II celular pode sofrer splicing ou permanecer sem splicing, e é exportado para o citoplasma onde é traduzido por ribossomas celulares.

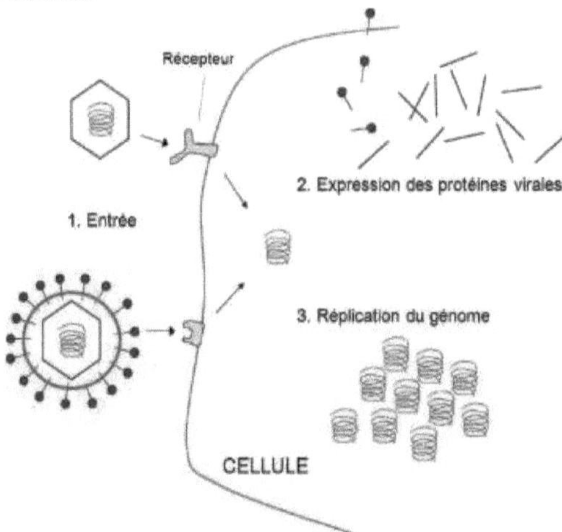

Figura 18: Receptores virais, expressão proteica e replicação do genoma de um vírus de envelope numa célula hdte

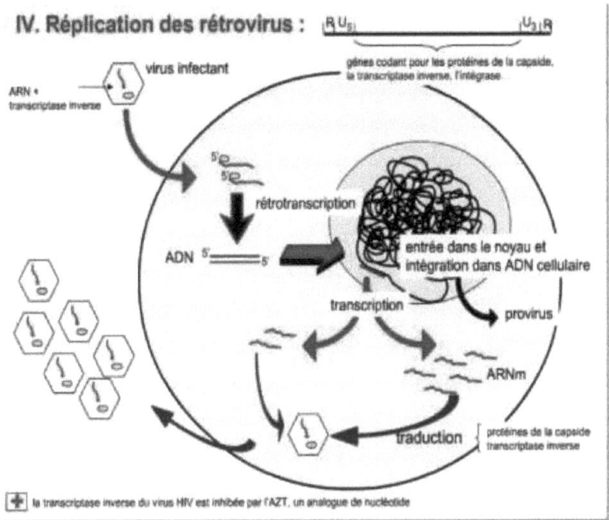

Figura 19: Penetração, replicação, transcrição, síntese de proteínas e saída do vírus da célula hdte

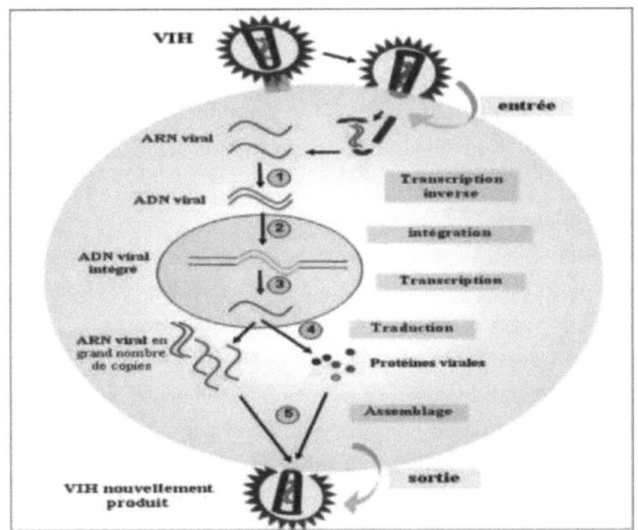

Figura 20: Penetração, replicação, transcrição, síntese de proteínas e saída do vírus de uma célula hdte

17.4 Montagem e libertação de novos vírus

Após a replicação do genoma viral e a síntese das proteínas estruturais, os viriões são montados e libertados pela célula hospedeira, de modo a poderem propagar-se a outras células ou organismos.

17.5 Vírus não envelopados (nus)

Aparentemente, a formação de vírus não envelopados é o resultado de um processo de auto-montagem altamente eficiente que combina o genoma viral e as proteínas do capsídeo. Os vírus maduros acumulam-se no núcleo ou no citoplasma da célula infetada e são depois libertados por lise celular. Esta lise ocorre como resultado da desorganização estrutural e metabólica da célula infetada, causada pela produção maciça de elementos virais em detrimento das proteínas celulares. Atualmente, não há provas claras de que os vírus nus sejam libertados na ausência de lise celular. No entanto, suspeita-se por vezes deste tipo de acontecimento.

17.6 Envelopes de vírus

Os vírus envelopados são libertados das células infectadas por brotamento. As glicoproteínas codificadas por estes vírus são inseridas na membrana plasmática da célula.

Os nucleocapsídeos montados no núcleo ou no citoplasma interagem com as regiões da membrana revestidas por glicoproteínas. Esta interação é geralmente mediada por uma proteína matriz localizada na superfície interna da membrana plasmática.

Inicia-se então a brotação, que leva à libertação de nucleocapsídeos rodeados por um envelope correspondente à membrana plasmática da célula produtora, no qual se inserem as glicoproteínas virais.

Ao contrário da libertação por lise celular, a produção de vírus com envelope por brotamento não é necessariamente acompanhada pela morte da célula produtora.

17.7 Vírus de plantas

Os vírus vegetais constituem, mais uma vez, uma exceção. Dependem do seu vetor ou de uma intrusão mecânica (máquinas agrícolas, etc.) para assegurar a sua saída da célula vegetal, que está rodeada por uma parede.

17.8 Partículas virais e infecciosas

Nem todos os viriões produzidos por células infectadas são funcionais. De facto, como resultado de erros da polimerase, é possível que o genoma do capsídeo no virião não seja funcional. Também é possível que o capsídeo não tenha sido formado corretamente ou que qualquer outra alteração acidental torne o vírus não infecioso. Por conseguinte, é feita uma distinção entre os termos "partícula viral", que corresponde a um virião completo mas não necessariamente funcional, e "partícula infecciosa", que corresponde a um virião que é efetivamente capaz de infetar outra célula. A relação entre a partícula infecciosa e a partícula viral é por vezes muito baixa (frequentemente 1/100 ou mesmo 1/1000).

17.8.1 Variações genéticas

Quando consideramos uma população de vírus, estamos geralmente a lidar com um grupo de vírus com um certo grau de heterogeneidade. Estamos a lidar com milhares de milhões de indivíduos que podem ter evoluído de formas diferentes. Nem todos eles serão geneticamente idênticos, mesmo dentro do mesmo hospedeiro. Os principais mecanismos que conduzem a alterações genéticas nos vírus são a mutação, a recombinação e uma variante desta, o reassortment. Além disso, no decurso da sua evolução, os vírus podem perder certos elementos genéticos (deleção) ou, pelo contrário, adquiri-los, por exemplo, a partir de uma célula (inserção). Os vírus evoluem também através da inversão e da repetição de certos fragmentos genómicos.

17.8.2 Alterações

Em qualquer cadeia de ácidos nucleicos, podem ocorrer erros durante a transcrição, levando a uma alteração da informação genética (mutação). Este fenómeno ocorre, portanto, apenas nos vírus replicantes.

Em geral, estas mutações ocorrem mais frequentemente nos vírus de ARN. As polimerases que utilizam (polimerases dependentes de ARN) não dispõem de mecanismos de correção (atividade de exonuclease 3'-5'), ao contrário das polimerases dependentes de ADN, que devem assegurar a continuidade do código genético.

Se uma mutação for neutra ou mesmo favorável, pode persistir. Quando um nucleótido é substituído por outro, é conhecida como mutação pontual. Esta pode ser silenciosa quando não conduz a alterações na cadeia de aminoácidos e não afecta uma sequência ou estrutura dos ácidos nucleicos importantes para a replicação.

Quando uma mutação numa região codificadora resulta numa mudança de aminoácido, esta pode ser deletéria, conferir uma vantagem ao vírus ou não ter qualquer efeito. Se a mutação favorecer o vírus por este estar mais bem adaptado às circunstâncias externas, o mutante irá gradualmente substituir o vírus original. Os factores externos que levam à seleção podem ser o sistema imunitário, a mudança de ambiente provocada por um novo hospedeiro ou medicamentos antivirais. Quando uma população variada de diferentes vírus mutantes se desenvolve num único hospedeiro, esta situação é conhecida como uma "quase-espécie".

A clonagem pode ser utilizada para distinguir os diferentes mutantes. Se efectuarmos a sequenciação global dos nucleótidos, obtemos uma sequência de consenso, constituída por uma mistura das diferentes sequências dominantes na população viral. O fenómeno de quase-espécie permite que o vírus se adapte rapidamente à evolução das circunstâncias. É assim que, na infeção pelo vírus da SIDA (VIH) ou pelo vírus da hepatite C, o vírus consegue escapar continuamente ao sistema imunitário e estabelecer uma infeção crónica. A existência de uma quase-espécie no caso do VIH significa que o vírus é altamente plástico, escapando rapidamente ao tratamento quando este falha.

Em termos de população mundial, podemos ver que estas evoluções progressivas resultam em conjuntos de vírus que podem ser geneticamente diferenciados sob a forma de diferentes genótipos, possivelmente agrupados em genogrupos.

Um fenómeno particular é o observado com o vírus da gripe humana. Sob a pressão imunitária da população humana mundial, o vírus evolui acumulando progressivamente mutações, o que provoca um deslizamento antigénico ou "deriva". Isto permitir-lhe-á encontrar periodicamente uma população humana que não seja imune ao vírus mutante presente. É por esta razão que as vacinas contra o vírus da gripe têm de ser adaptadas todos os anos.

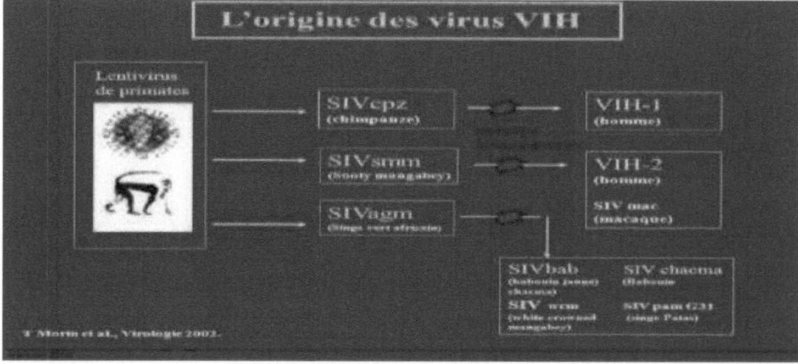

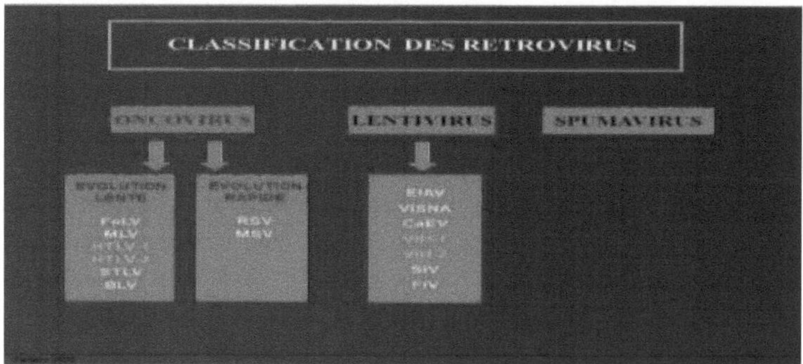

Figura 21: Origem do VIH e classificação dos Retrovírus

17.8.3 Mutação por substituição

Uma mutação de substituição é a substituição de um nucleótido por outro. Estas mutações podem ser 1) transições, em que uma purina substitui uma purina (a ou g) ou uma pirimidina substitui uma pirimidina (C ou t/u), ou 2) transversões, em que a troca ocorre entre purina e pirimidina. Estas últimas ocorrem com menos frequência.

17.8.3.1 Aminoácido: Quando ocorre uma mutação numa parte codificante do genoma, nem sempre há uma mudança correspondente de aminoácido. O código genético apresenta combinações de três nucleótidos (= códão) que codificam um aminoácido (ver quadro). Como existem 4 nucleótidos diferentes, há 64 combinações possíveis, mas só existem 20 aminoácidos naturais. Para o mesmo aminoácido, são possíveis diferentes codões (até 6). É pouco provável que uma alteração do terceiro nucleótido num tripleto resulte numa alteração do aminoácido, ao passo que as alterações do primeiro ou do segundo nucleótido resultam quase sempre numa alteração.

17.8.3.2 Sequenciação viral de uma mistura

Quando se trata de uma quase-espécie, estamos na presença de uma nuvem de mutantes, ou seja, de vírus com códigos genéticos diferentes. A sequenciação global (a definição da sequência de nucleótidos) dar-nos-á uma ideia errada dos mutantes presentes, ou não nos permitirá tirar conclusões. Ou as diferentes variantes estão presentes em quantidades demasiado pequenas (menos de 20%) e não as detectamos, ou há uma confusão entre os códons. Suponhamos que uma sequenciação global nos diz que existe uma mistura, por exemplo: T, T ou G, T ou G. Os códons possíveis são TTT (que codifica a fenilalanina), TGG (triptofano), TTG (leucina), TGT (cisteína), sem que saibamos qual está realmente presente. Para definir claramente a população, os diferentes mutantes serão analisados separadamente por clonagem (através da introdução de genes virais nas bactérias, utilizando fagos ou plasmídeos, podemos separar os genomas separando as bactérias que os contêm).

17.8.3 .3 Recombinações e recombinações

Os vírus semelhantes podem trocar regiões genéticas homólogas (e por vezes não homólogas) quando infectam a mesma célula. Durante a replicação, a polimerase passa de uma cadeia para a outra. Este fenómeno pode ser facilitado, por exemplo, pela presença simultânea de duas cópias do genoma, como acontece no VIH (vírus diploide). Este fenómeno permite que o vírus se altere rapidamente. Ao longo da sua evolução, o VIH deu origem a numerosos subtipos. Nas populações humanas onde a transmissão deste vírus é elevada, não são raras as infecções mistas com vários subtipos, tendo surgido formas recombinantes com características dos dois vírus "pais".

Uma forma particular é o rearranjo, que pode ocorrer quando o genoma do vírus é segmentado, como é o caso do vírus da gripe. O vírus da gripe A é originalmente um vírus das aves aquáticas e, nestas espécies, estão presentes muitos tipos diferentes deste vírus. Em casos raros, podem ocorrer infecções mistas envolvendo, por exemplo, um vírus de ave e um vírus humano. Quando isto acontece, os segmentos dos vírus, que são oito, podem misturar-se e dar origem a numerosas variantes. Os vírus resultantes destas infecções mistas têm várias combinações de segmentos dos dois vírus originais (ver figura) (teoricamente 28 = 256 combinações possíveis). É possível que um destes novos vírus esteja particularmente bem adaptado ao hospedeiro humano e dê origem ao que se designa por pandemia de gripe, ou seja, uma rápida expansão do vírus na população humana que não é imune a este novo vírus. Existem também rearranjos com consequências menos significativas: foi recentemente descrito um vírus da gripe A H1N2 (hemaglutinina 1, neuraminidase 2), que é um vírus rearranjado a partir dos dois tipos de gripe A em circulação, H1N1 e H3N2.

II PARTE

VIROLOGIA ESPECIAL

1. VIH/SIDA

1.1 VIH :

1.2 Definição: Os vírus da imunodeficiência humana (VIH) são vírus da família dos retrovírus e da subfamília dos lentivírus. Tal como acontece com todos os retrovírus, o genoma do VIH contém três genes que codificam diferentes proteínas virais: gag, pol e env, que codificam, respetivamente, proteínas estruturais, enzimas virais e glicoproteínas do envelope.

Existem dois tipos virais de VIH, o VIH-1 e o VIH-2, que resultam de duas transmissões zoonóticas diferentes. O VIH-1 está espalhado por todo o mundo. É a causa da pandemia de SIDA e constitui um grave problema de saúde pública em todos os continentes.

O VIH-2 tem uma distribuição muito mais limitada e a infeção pelo VIH-2 não se transformou numa epidemia. O objetivo deste curso é descrever as características do VIH e da sua replicação, a fim de compreender melhor a patogénese desta infeção viral e as interacções entre o vírus e o seu hospedeiro:

- A primeira fase do ciclo começa com a ligação do vírus à molécula CD4 e termina com a integração do ácido desoxirribonucleico (ADN) proviral no genoma da célula;

- a segunda fase do ciclo começa com a transcrição do ADN viral de cadeia dupla e termina com o aparecimento de novos viriões por brotamento na superfície celular.

O VIH-1 tem um tropismo por células portadoras da molécula CD4, sendo as principais os linfócitos CD4, os monócitos e os macrófagos... A variabilidade genética do VIH é extrema.

O VIH-1, isolado em 1983, compreende quatro grupos: M, N, O e P. O grupo M compreende nove subtipos (A a K) e múltiplas CRF (formas recombinantes circulantes), enquanto o VIH-2 compreende nove grupos (A a I).

No VIH-1, o grupo M é o principal, os outros três grupos são minoritários, identificados principalmente na África Central, em particular nos Camarões, denominados O (Outler) e N (não M, não 0) e, mais recentemente, o grupo P. Cada um destes grupos corresponde a um evento de transmissão distinto nos vírus SIV dos macacos. O vírus símio do chimpanzé, SIVcpz, e o VIH-1 são 80-90% homólogos. Até à data, foram descritos >95 CRFs, resultantes da recombinação entre dois ou mais subtipos do grupo M do VIH-1.

O VIH-2, isolado em 1986, está estreitamente relacionado com o vírus do mangabeu fuliginoso dos símios (SIVsmm). Está classificado em nove grupos distintos com base na homologia das sequências dos genes gag e env. O VIH-2 é naturalmente resistente aos inibidores naturais da transcriptase reversa (RT) e aos inibidores de fusão. Está presente principalmente na África Ocidental, em Moçambique e Angola, nas excolónias portuguesas, a partir da Guiné-Bissau, e fora de África, na Índia e no Brasil.

1.1.2 Estrutura do VIH: O VIH é um retrovírus do género lentivírus (do latim *lentus* que significa "lento"), caracterizado por um longo período de incubação e, consequentemente, por uma progressão lenta da doença.

O VIH-1 é um vírus esférico com um diâmetro médio de 145 nanómetros. Como muitos vírus que infectam animais, tem um envelope constituído por um fragmento da membrana da célula infetada. As glicoproteínas triméricas do envelope (Env) estão inseridas neste envelope lipídico. Cada proteína Env é constituída por 2 subunidades: uma subunidade de superfície gp120 e uma subunidade transmembranar gp41. Pensa-se que a superfície de um vírus VIH contém, em média, apenas 14 trimeros Env. Quando o vírus se fixa à célula, a proteína gp120 Env liga-se a um recetor CD4 presente na superfície das células CD4+ do sistema imunitário. Por esta razão, o VIH só infeta as células que têm este recetor na sua superfície, a grande maioria das quais são linfócitos CD4+.

No interior do envelope encontra-se uma matriz proteica (MA) constituída por proteínas p17 e, ainda no interior, o capsídeo (CA) constituído por proteínas p24. É este último tipo de proteína, juntamente com a gp41 e a gp120, que é utilizado nos testes de western blot do VIH. As proteínas do nucleocapsídeo (NC) p7 protegem o ARN viral revestindo-o. A proteína p6 é excluída do capsídeo e situa-se entre a matriz e o capsídeo, permitindo que os vírus recém-formados saiam da célula.

[42]O genoma do VIH, contido no capsídeo, é constituído por uma única cadeia de ARN em duplicado (9181 nucleótidos), acompanhada de enzimas:

- p66/p51 transcriptase reversa ou retrotranscriptase, que retrotranscreve o ARN viral em ADN viral;
- p32 integrase, que integra o ADN viral no ADN celular;
- [43]protease p12, que participa na montagem do vírus através da clivagem dos precursores proteicos Gag p55 e Gag-Pol p160. A protease está presente no capsídeo .

Estas três enzimas são os principais alvos dos tratamentos anti-retrovirais, porque são específicas dos retrovírus.

O genoma do VIH é constituído por nove genes. Os três genes principais são *gag*, *pol* e *env*, que definem a estrutura do vírus e são comuns a todos os retrovírus. Os outros seis genes são *tat*, *rev*, *nef*, *vif*, *vpr* e *vpu* (ou *vpx* para o VIH-2), que codificam as proteínas reguladoras.

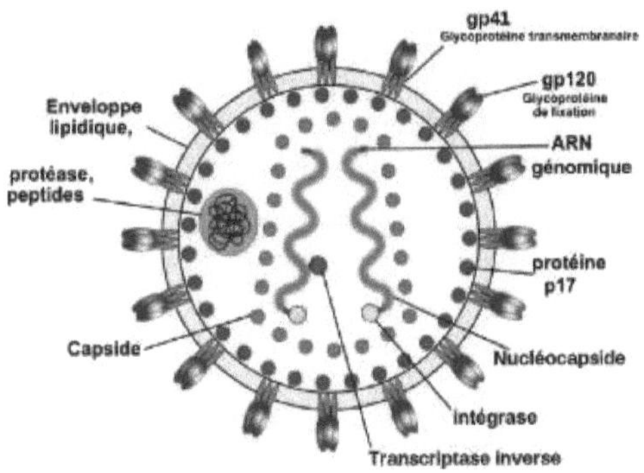

Figura 22: Estrutura do vírus da SIDA.

1.1.3 Posição sistemática :
Tipo: VIH-1 e VIH-2
Grupo : VI
Família: Retroviridea
Subfamília: Orthoretrovirinea
Género: Lentivírus
Espécie: vírus da imunodeficiência humana.
1.1.4 Antecedentes: A epidemia de SIDA começou em 5 de junho de 1981, quando o CDC americano anunciou um aumento dos casos de pneumonia por *Pneumocystis carinii* e de sarcoma de Kaposi nas cidades de Los Angeles, São Francisco e Nova Iorque. Estas duas doenças são particularmente comuns em pessoas imunocomprometidas. É precisamente nestes doentes que o nível de linfócitos T4 desce em flecha. Estas células desempenham um papel essencial no sistema imunitário. Os primeiros doentes eram todos homossexuais, pelo que esta síndrome, que ainda não se chamava SIDA, foi provisoriamente designada por *síndrome gay* ou *cancro gay*. Uma das primeiras causas sugeridas para esta imunodepressão foi o poppers, um vasodilatador muito utilizado pelos homossexuais. Mas nos meses que se seguiram, outras pessoas foram infectadas, incluindo utilizadores de drogas injectáveis, hemofílicos e haitianos. Esta descoberta mostrou que o poppers não era a causa, e a origem infecciosa foi sendo cada vez mais aceite. Falta apenas encontrar o agente infecioso.
1.1.5 Transmissão: O VIH está presente em muitos fluidos corporais. Foi encontrado na saliva, nas lágrimas e na urina, mas em concentrações insuficientes para registar casos de transmissão. Por conseguinte, a transmissão através destes fluidos é considerada negligenciável. Por outro lado, foram detectadas quantidades de VIH suficientemente grandes para desencadear uma infeção no sangue, no leite materno, na ciprina, no esperma, bem como no fluido

que precede a ejaculação, e a concentração do vírus nas secreções genitais (esperma e secreções cervicais nas mulheres) são bons indicadores do risco de transmissão do VIH a outra pessoa.

Por conseguinte, os três modos de contaminação são :

• sexo sem proteção. Quer sejam heterossexuais ou homossexuais, as relações sexuais sem proteção são responsáveis pela maior parte das infecções;

• contacto com material contaminado em :

o toxicodependentes, por injeção,

o tatuagens, devido à falta de higiene do equipamento,

o transfusões,

o pessoal de saúde ;

- transmissão de mãe para filho, durante a gravidez, o parto e a amamentação. Sem tratamento e com parto natural, a taxa de transmissão varia entre 10% e 40%, consoante o estudo. [55]É durante o parto que o risco de infeção é mais elevado (65% de todos os casos de infeção). O tratamento e uma eventual cesariana podem reduzir este valor para 1%.

1.1.6 Multiplicação

O VIH infecta **células** que possuem o antigénio CD4 na sua superfície (**células** T, mas também monócitos e algumas outras **células**). Ocorre uma interação de alta afinidade entre a proteína gp120 do envelope viral e o marcador de membrana CD4 da **célula alvo**.

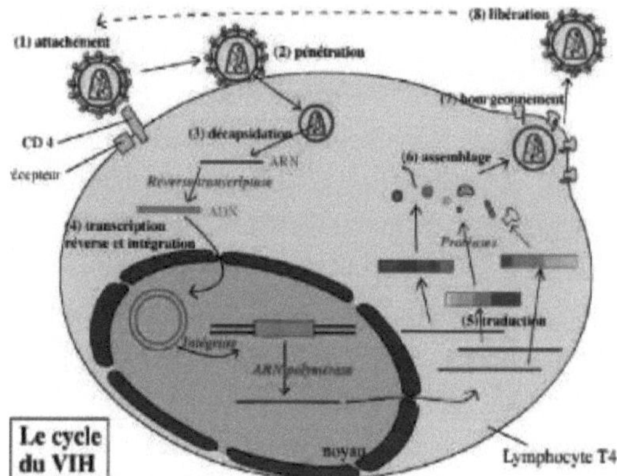

Figura 23: Ciclo de desenvolvimento do VIH numa célula hdte

1.2 SIDA

1.2.1 Definição: SIDA é a síndrome da imunodeficiência adquirida. A infeção **pelo VIH** afecta o sistema imunitário, ou seja, as defesas naturais do organismo contra as doenças.

1.2.3 Distribuição geográfica :

Apesar dos progressos notáveis na luta mundial contra o VIH desde 2000, as novas infecções e as mortes relacionadas com a SIDA continuam a registar níveis elevados. A SIDA continua a ser uma das pandemias mais mortíferas do nosso tempo: 690 000 pessoas morreram de doenças relacionadas com a SIDA em 2020, o mesmo número que em 2019. O número total de novas infecções diminuiu apenas 31% desde 2010, muito aquém do objetivo de 75% estabelecido pela Assembleia Geral das Nações Unidas em 2016.

Em 2020, 84% de todas as pessoas que vivem com o VIH conheciam o seu estado serológico, 73% tinham acesso a tratamento e 66% tinham uma carga viral independente.

Trata-se de um bom resultado, ainda que os objectivos de rastreio e tratamento 90-9090 não tenham sido alcançados em todos os países.

A nova "Estratégia Global de Luta contra a SIDA 2021-2026: Acabar com a Desigualdade, Erradicar a SIDA" está no bom caminho para eliminar a SIDA até 2030, embora, segundo a ONUSIDA, a desigualdade dentro dos países esteja a impedir que o mundo acabe com a SIDA até 2030.

Os recursos disponíveis nos países de baixo e médio rendimento eram da mesma ordem que em 2019, menos de 19 mil milhões de dólares, enquanto a ONUSIDA estimava que eram necessários 26,2 mil milhões de dólares para a resposta à SIDA em 2020. O subinvestimento nos países de baixo e médio rendimento é a principal razão pela qual os objectivos para 2020 não foram atingidos. O objetivo para 2025 é de 29 mil milhões de dólares.

A situação mundial do VIH é a seguinte:

Regiões	PVHIV	Novas infecções	Mortes liesau VIH	Pessoas em TARV	PVHIV com acesso a TARV (%)
África Oriental e Austral	0,6*	670 000	310 000	15,0*	77 %
África Ocidental e Central	4,7*	200 000	150 000	3,5*	73 %
Ásiae Pacífico	5,7*	280 000	140 000	3,6*	64 %
América Latina	2,1*	110 000	32 000	1,4*	65 %
Caraíbas	330 000	13 000	6 000	220 000	67 %
Médio-Orientar +	230 000	16 000	7900	93 000	41 %

Em milhões

2/3 (67%) das PVV vivem na África Subsariana. A África Oriental e Austral continua a ser a região mais afetada pelo VIH. Representa cerca de 55% de todas as pessoas e dois terços de todas as crianças que vivem com VIH. É também a região que registou os maiores progressos na luta contra a epidemia de VIH desde 2010. As novas infecções diminuíram 43% entre 2010 e 2020 e 64% entre as crianças dos 0 aos 14 anos, as maiores reduções de todas as regiões. Na África Ocidental e Central, a resposta ao VIH está a melhorar, mas não com rapidez suficiente para acabar com a SIDA enquanto ameaça à saúde pública até 2030. Embora o número de novas infecções em 2020 tenha diminuído 37% em relação a 2010, a região é responsável por mais de um terço das novas infecções por VIH entre as crianças a nível mundial, o que reflecte as lacunas nos esforços de prevenção da transmissão.

1.2.3. Modos de transmissão

O VIH pode ser transmitido por contacto próximo e desprotegido com os fluidos corporais de uma pessoa infetada: sangue, leite materno, esperma e secreções vaginais. Foram descritos vários modos de transmissão:

1.2.3.1 Transmissão heterossexual

Predomina nas regiões tropicais, em especial na África Subsariana. Seis em cada sete novas infecções em adolescentes com idades compreendidas entre os 16 e os 19 anos ocorrem em raparigas. As mulheres jovens com idades compreendidas entre os 15 e os 24 anos têm duas vezes mais probabilidades de viver com o VIH do que os homens. Mais de um terço (35%) das mulheres em todo o mundo foram vítimas de violência física e/ou sexual por parte de um parceiro íntimo ou de violência sexual por parte de um não-parceiro em algum momento das suas vidas. Em algumas regiões, as mulheres que sofreram violência física ou sexual por parte de um parceiro íntimo têm 1,5 vezes mais probabilidades de contrair o VIH do que as mulheres que não sofreram violência. Em 2020, as mulheres e as raparigas serão responsáveis por cerca de 50% de todas as novas infecções pelo VIH a nível mundial.

Na África Subsariana, as mulheres e as raparigas representaram 63% de todas as novas infecções por VIH.

1.2.3.2 Transmissão da mãe para o filho

A infeção entre mulheres jovens explica a frequência da transmissão de mãe para filho (MTCT) nos países em desenvolvimento. As novas infecções entre as crianças diminuíram 54% entre 2010 e 2020, principalmente em resultado do aumento do fornecimento de ARV às mulheres grávidas e lactantes. Estima-se que 85% das mulheres grávidas que vivem com VIH em todo o mundo terão recebido TARV até 2020 para prevenir a transmissão vertical de mãe para filho e preservar as suas próprias vidas. No entanto, existem ainda disparidades significativas em muitos países da África Ocidental e Central: 24% das mulheres grávidas que não recebem TARV encontram-se num único país, a Nigéria, e outras 33% vivem noutros locais da África Ocidental e Central.

As lacunas no rastreio de bebés e crianças expostos ao VIH significam que mais de dois quintos das crianças que vivem com o VIH continuam por diagnosticar. Quase 800 000 crianças (dos 0 aos 14 anos) que vivem com o VIH não foram testadas em 2020. A África Subsariana é responsável por 89% das novas infecções por VIH em crianças e 88% das crianças e adolescentes que vivem com VIH em todo o mundo.

1.2.3.*3* Transmissão entre populações-chave

A importância das populações-chave na transmissão do VIH foi comunicada de acordo com a região.

Os homossexuais têm 25 vezes mais probabilidades de contrair o VIH do que os heterossexuais; os trabalhadores do sexo têm 26 vezes mais probabilidades de contrair o VIH do que as mulheres da população em geral; as mulheres transexuais têm 34 vezes mais probabilidades do que os outros adultos; as pessoas que injectam drogas têm 35 vezes mais probabilidades de contrair o VIH do que as pessoas que não injectam drogas.

Globalmente, as populações-chave e os seus parceiros sexuais são responsáveis por 65% das infecções por VIH em todo o mundo em 2020 e 93% das infecções fora da África Subsariana. Estas populações-chave são marginalizadas. As pessoas que se encontram na prisão não beneficiam frequentemente de quaisquer serviços de tratamento do VIH.

1.2.4 Diagnóstico da infeção pelo VIH/SIDA

Quarenta anos após o início da epidemia de VIH/SIDA, a questão do rastreio continua a ser crucial, uma vez que cerca de 20% das pessoas seropositivas em todo o mundo continuam a desconhecer o seu estado serológico. A situação melhorou nos últimos anos com a chegada dos RDT e, mais recentemente, com o desenvolvimento dos autotestes.

1.2.4.1 O rastreio e o diagnóstico biológico da infeção pelo VIH nos países desenvolvidos baseiam-se tradicionalmente numa estratégia em duas fases: teste de rastreio, seguido de teste de confirmação. O teste de rastreio utiliza o teste ELISA combinado, que detecta simultaneamente os anticorpos anti-HIV1 e anti-HIV2 e o antigénio p24 do HIV-1 (com um limiar mínimo de deteção do antigénio p24 de 2 UI/mL).

Um teste negativo leva à conclusão de que não existe infeção, enquanto um teste positivo leva a uma análise de confirmação utilizando o Western blot (WB) ou o Immunoblot (IB). Estes testes requerem instalações laboratoriais.

1.2.4.2 Os testes de diagnóstico rápido (RDT) não requerem qualquer equipamento especial.

Os RDT para a deteção de anticorpos contra o VIH 1 e 2 dão acesso a informações sobre o estado serológico a pessoas que não podem utilizar os métodos de rastreio convencionais. O rastreio é efectuado no soro, plasma ou sangue total. Para as populações de difícil acesso, pode ser efectuado utilizando sangue seco num sero-buvard. Um resultado negativo de um primeiro RDT exclui a infeção pelo VIH, exceto no caso de uma exposição recente com menos de 3 meses (infeção primária). Um resultado positivo deve ser confirmado por um segundo RDT. [eme]A sensibilidade dos RDT atualmente no mercado é considerada equivalente à dos testes ELISA de 3 geração.

1.2.4.3 Técnicas de identificação do ARN viral plasmático por PCR ou RT-PCR

permitem um diagnóstico precoce. Podem ser utilizados para diagnosticar a infeção primária (exposição ao VIH há menos de 3 semanas) e a transmissão mãe-filho (crianças com menos de 18 meses de idade). A infeção primária é um período de elevado contágio: contaminação sexual e contaminação pós-parto em mulheres que amamentam, com risco de MTCT (elevada carga viral no leite materno), daí a importância do rastreio.

O diagnóstico molecular do VIH pode ser utilizado para confirmar o estado dos dadores de sangue na fase de seroconversão, sendo a PCR positiva a partir do 11º dia.

1.2.4.4 Auto-testes do VIH

A auto-deteção de anticorpos contra o VIH no sangue ou no fluido gengival é uma ferramenta adicional na luta contra o atraso no diagnóstico. A OMS publicou novas directrizes sobre o autodiagnóstico do VIH para melhorar o acesso ao diagnóstico. A auto-diagnóstico é uma forma de chegar a mais pessoas com infeção não diagnosticada.

1.2.4.5 Rastreio e diagnóstico dos bebés

O rastreio serológico não é suficiente nos bebés e o rastreio virológico deve ser efectuado às 6 semanas de idade, ou mesmo à nascença, para detetar a presença do VIH nos bebés filhos de mães seropositivas. Atualmente, estão disponíveis novas técnicas que permitem efetuar o rastreio no local de prestação de cuidados, com resultados no mesmo dia (tecnologias EID).

1.2.5 Tratamento

Os anti-retrovirais constituem o arsenal terapêutico contra o VIH, que tem vindo a ser progressivamente alargado. Em 2006, estão disponíveis cerca de vinte medicamentos anti-retrovirais, cujo objetivo é interferir em diferentes mecanismos: por um lado, as enzimas do VIH necessárias à replicação e, por outro, os mecanismos de entrada do VIH na célula.

Graças às triterapias utilizadas desde 1996, o número de mortes por SIDA diminuiu significativamente nos locais onde estes novos tratamentos estão disponíveis. Nos Estados Unidos, por exemplo, a utilização generalizada das triterapias reduziu o número de mortes por ano de 49.000 em 1995 para 15.807 em 2016.

Estes medicamentos são susceptíveis de ter efeitos secundários temporários ou permanentes, que podem levar à interrupção ou, mais importante, à modificação do tratamento, tendo em conta que, quando tomados corretamente, são relativamente eficazes.

O intestino desempenha um papel essencial na imunopatogénese do vírus da imunodeficiência humana (VIH). A diminuição dos níveis de zonulina está associada a um aumento da mortalidade nos doentes com VIH. [123]O tratamento com maraviroc (antagonista do recetor CCR5) e raltegravir (inibidor da integrase) aumenta a zonulina. Estes dados combinados sugerem que a via da zonulina, na sua função imunitária inata, pode proteger contra a infeção pelo VIH.

Anti-retrovirais: A investigação no domínio do VIH/SIDA é extremamente importante e são realizadas regularmente numerosas investigações, estudos e publicações. [124]No entanto, uma vez que o tempo que decorre entre a conceção de uma molécula e a sua autorização de comercialização varia entre sete e doze anos em França ( ), é importante manter em perspetiva os efeitos dos anúncios, alguns dos quais não conduzirão a qualquer aplicação prática direta na luta contra o VIH/SIDA.

Assim, os únicos medicamentos reconhecidos como verdadeiramente eficazes são os anti-retrovirais que obtiveram autorização de comercialização.

Desde dezembro de 2021, em França, é possível, em determinadas condições, substituir o tratamento diário por uma injeção de dois em dois meses que combina dois retrovíricos (cabotegravir e rilpivirina).

Os anti-retrovirais são classificados de acordo com o seu domínio de ação:

Inibidores da transcriptase reversa: Os inibidores da transcriptase reversa impedem a síntese de ADN proviral (ou seja, o que permite ao vírus duplicar-se) a partir do ARN viral. Esta classe inclui :

Inibidores de nucleósidos (NRTI): Os NRTI foram a primeira classe de medicamentos anti-retrovirais a ser comercializada em 1985. Incluem a zidovudina (AZT) (sintetizada em 1964), a didanosina (ddI), a zalcitabina (ddC), a estavudina (d4T), a lamivudina (3TC) (1989 e utilizada a partir de 1995), o abacavir (ABC) e a emtricitabina (FTC).

As mutações no genoma devidas à transcriptase reversa conferem ao VIH uma resistência aos NRTI, que pode ser cruzada entre vários NRTI. Estes compostos são todos neutros ou redutores, com exceção do AZT, que é um oxidante.

Inibidores não-nucleósidos (NNRTI): Os NNRTI são inibidores potentes e altamente selectivos da transcriptase reversa do VIH. Incluem a nevirapina e o efavirenz. Só são activos contra o VIH-1. São metabolizados em fenóis por oxidação.

Análogos de nucleótidos: Os análogos de nucleótidos, como o tenofovir, que entrou no mercado em 2002, são compostos organofosforados.

Inibidores da protease: A classe de medicamentos anti-retrovirais inibidores da protease (IP) foi lançada em 1996. Representaram um importante ponto de viragem nas estratégias terapêuticas contra o vírus da imunodeficiência humana. Actuam inibindo a ação da protease viral que permite o corte e a montagem das proteínas virais, um processo essencial para a produção de vírus infecciosos. O resultado são viriões incapazes de infetar novas células. Os IPs são activos contra o VIH-1 e o VIH-2 e não criam resistência cruzada com os NRTIs ou os NNRTIs.

Inibidores da integrase: Estes inibidores bloqueiam a ação da integrase, impedindo que o genoma viral se ligue ao da célula-alvo.

As moléculas atualmente disponíveis são o raltegravir, comercializado sob a marca Isentress, o elvitegravir e o dolutegravir, comercializados sob a marca Tivicay.

Inibidores da fusão: Os inibidores da fusão-lise intervêm no início do ciclo de replicação do VIH, bloqueando as proteínas de superfície do VIH ou perturbando os coreceptores das células visadas pelo VIH.

Estão a ser estudados vários produtos e, em 2009, apenas o enfuvirtido e o maraviroc receberam autorização de introdução no mercado.

Escolha do tratamento: Desde o início dos anos 90, foram desenvolvidas várias triterapias diferentes, que podem ser prescritas em função do estádio clínico, da contagem de células T CD4+ e da carga viral. Atualmente, o tratamento antirretroviral inclui três medicamentos, geralmente dois inibidores nucleósidos da transcriptase reversa, combinados com um inibidor da protease ou um inibidor não nucleósido da transcriptase reversa ou, por vezes, um terceiro inibidor nucleósido da transcriptase reversa (triterapias). Pode também ser utilizado um inibidor de fusão.

Quando tratados pela primeira vez, quase todos os doentes atingem uma carga viral plasmática indetetável nos primeiros seis meses. Este tratamento inicial deve ser tão simples e tão bem tolerado quanto possível. A não adesão ao tratamento é a principal causa de insucesso terapêutico.

Embora os tratamentos anti-retrovirais sejam altamente eficazes quando seguidos corretamente, o VIH continua presente no organismo. Apenas a sua multiplicação é abrandada. Embora se pensasse que o sangue e o esperma das pessoas infectadas continuavam a ser contagiosos, o estudo Partner2, apresentado na 22ª Conferência Internacional sobre a SIDA, demonstrou que uma pessoa com uma carga viral indetetável não transmite o vírus.

[130]Embora a investigação seja muito ativa e existam várias vacinas candidatas, uma das quais produziu resultados encorajadores em termos da viabilidade do desenvolvimento de uma vacina, não existe uma vacina verdadeiramente eficaz contra este vírus. Os preservativos oferecem uma proteção simples e eficaz durante as relações sexuais; desde o início dos anos 2010, a utilização profiláctica dos agentes anti-retrovirais Emtricitabina/tenofovir (Truvada) também se revelou eficaz contra a transmissão durante as relações sexuais, nomeadamente nas populações de risco (homens homossexuais, trabalhadores do sexo). As dádivas de sangue estão sujeitas a uma seleção de dadores, a um rastreio sistemático e a um tratamento específico. A prevenção passa igualmente pela utilização de seringas de utilização única em todas as ocasiões, nomeadamente em caso de consumo de drogas por via intravenosa ou de tratamento de substituição.

Apesar da ampla divulgação de informações sobre a doença e a prevenção, algumas pessoas não deixam de adotar comportamentos de risco (ver artigo sobre a assunção de riscos de SIDA), o que exige uma ação preventiva.

1.2.7 Prevenção

Existem várias formas de prevenir o VIH/SIDA, de se proteger a si e aos outros. Dependendo da altura do ano, das práticas sexuais, da sua frequência,... 1 ou outro destes métodos pode ser preferido ou mais apropriado. Estes incluem :

- Rastreio voluntário. ᵉO teste rápido ou TROD (test rapide d'orientation diagnostique), que utiliza apenas uma gota de sangue; o autoteste, que pode ser efectuado em casa, também utilizando uma gota de sangue colhida na ponta do dedo; o teste Elisa, conhecido como teste de 4 gerações, que requer a colheita de uma amostra de sangue.

- Usar proteção durante as relações sexuais. É uma barreira física contra o VIH e outras infecções sexualmente transmissíveis (IST). Os preservativos são a única forma de proteção contra o VIH e outras ISTs. Existem dois tipos de preservativos: masculino e feminino.

- Lealdade;

- A PrEP é recomendada para todos os adultos seronegativos com elevado risco de contrair o VIH. Mais especificamente:

- Homens que têm relações sexuais com homens ou pessoas transgénero;

- Trabalhadores do sexo ;

- Pessoas que vêm de países com um grande número de pessoas infectadas com VIH;

- Parceiros de uma pessoa seropositiva que não tenha atingido uma carga viral indetetável e que tenham :

o Teve relações sexuais sem preservativo

o Teve vários parceiros diferentes

o Tem vários episódios de IST

o Utilizou o Tratamento Pós-Exposição ou PET (tratamento de emergência)

o Utiliza substâncias durante o sexo (chemsex)

- O tratamento de pessoas seropositivas com medicamentos anti-retrovirais ajuda a prevenir a transmissão do VIH a uma pessoa não infetada. Ao fazer o tratamento corretamente, uma pessoa seropositiva pode reduzir a sua carga viral ao ponto de esta se tornar muito baixa. Uma pessoa seropositiva com uma carga viral indetetável graças ao seu tratamento não transmite o VIH por via sexual. Trata-se, portanto, de um meio de evitar a propagação do vírus.

- Campanhas de sensibilização em zonas de alto risco.

2. Poliovírus/Poliomielite

2.1 Vírus da poliomielite

2.1.1 **Definição**: **Os poliovírus,** agentes causadores da poliomielite, pertencem ao género Enterovirus. Na sequência de numerosos estudos efectuados desde a década de 1930 e, em especial, na década de 1950, o poliovírus humano tornou-se um modelo de eleição para o estudo da biologia molecular dos vírus RNA animais.

2.1.2 Estrutura.

São vírus de ARN linear de cadeia simples de polaridade positiva, ou seja, o seu genoma tem a forma de uma molécula de ARN com a mesma polaridade que o ARN mensageiro. **Estrutura do capsídeo do poliovírus**. As posições das proteínas VP1, VP2 e VP3 são mostradas para um pentâmero constituído por 5 protómeros. Cada protómero é delimitado por um eixo de simetria 5, um eixo de simetria 3 e dois eixos de simetria 2.

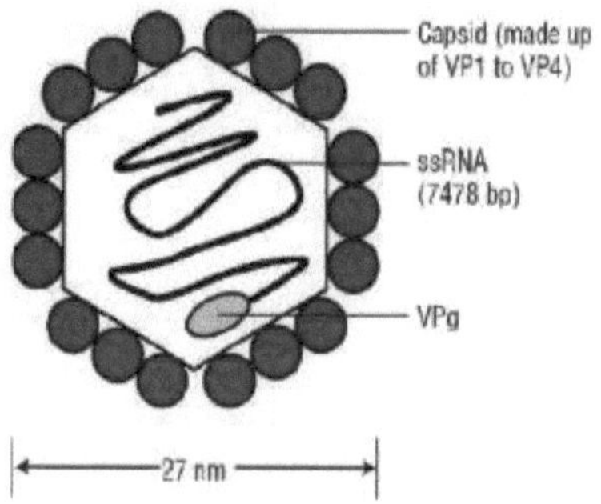

Figura 24: Estrutura do vírus da poliomielite

2.1.3 Posição sistemática

Tipo   Vírus
Grupo   Grupo IV
Família   Picornaviridae
Tipo   Enterovírus
Espécies
Poliovírus

2.1.4 Modo de infeção

Os poliovírus são transmitidos por via oral e multiplicam-se nas amígdalas e no tecido linfoide do trato digestivo. O vírus não envelopado é resistente aos solventes digestivos. O período de incubação é de 10 a 14 dias.

O poliovírus é absorvido para a superfície da célula hospedeira através do recetor PVR, um recetor específico para este vírus. Este recetor está presente na membrana de muitos tipos de células, mas o poliovírus só se pode multiplicar nas células do corno anterior da medula espinal. O vírus penetra na célula hospedeira injectando o seu genoma diretamente na mesma. No ser humano, o poliovírus limita a sua multiplicação às células da faringe, do intestino e às células nervosas, apesar de se reproduzir noutros tecidos em laboratório. Mas não afecta as células intestinais, que são ideais para a multiplicação do vírus da poliomielite.

A expressão e a replicação do genoma viral têm lugar no citoplasma, resultando na formação de numerosas partículas virais. Durante estes processos, a maquinaria celular é desviada em benefício do vírus. As partículas virais são libertadas por lise celular.

Os poliovírus são vírus relativamente estáveis: permanecem inactivos durante muito tempo após a pasteurização. O único reservatório natural conhecido para os poliovírus é o homem.

2.1.5 Multiplicação

O **genoma** de polaridade positiva é traduzido diretamente para uma grande poliproteína, que é depois clivada para dar origem a três proteínas, P1, P2 e P3. A maturação destas proteínas virais envolve uma série de clivagens em cascata.

2.1.6 Distribuição

Os seres humanos são o único hospedeiro natural conhecido do vírus. Pode, no entanto, infetar outros primatas em determinadas circunstâncias. O que por vezes se designa por *poliomielite do porco* é causado por um vírus distinto, a *encefalomielite enzoótica do porco*, o agente etiológico da doença de Teschen. Do mesmo modo, a poliomielite do rato é causada pelo vírus da *encefalomielite murina de Theiler*. As experiências com estes vírus animais foram utilizadas para compreender a ação do poliovírus no homem.

ᵉNo século XX, graças à vacinação, o vírus diminuiu e depois desapareceu na maioria dos países. ᵉNo início do século XXI, o *poliovírus humano selvagem* era oficialmente endémico apenas no Afeganistão, na Nigéria e no Paquistão, onde nunca foi derrotado. No final de 2016, parecia ter desaparecido da Nigéria e estava prestes a desaparecer do Paquistão (um dos seus refúgios da pressão da vacinação, onde permanece endémico). Os epidemiologistas acreditam que, se o Paquistão erradicar a poliomielite, o Afeganistão deverá seguir-se pouco tempo depois. No entanto, os casos de poliomielite estão a diminuir constantemente no Paquistão (306 casos em 2014, 54 em 2015, 20 em 2016 e, de acordo com os números disponíveis no final de 2017, 8 em 2017). Além disso, as análises ao sangue mostram que a imunidade humana a este vírus nunca foi tão elevada no Paquistão (mesmo em crianças com idades compreendidas entre os 6 e os 11 meses), após anos de campanhas de vacinação. Pensou-se que, na ausência de um grande número de crianças infectadas, o vírus estava a desaparecer do Paquistão e já não deveria ser detetável nos seres humanos em 2018 ou 2019. No entanto, uma pesquisa de provas da presença do vírus no ambiente, realizada em 2017, mostrou que o vírus ainda está presente em esgotos e fossas de águas residuais em quase todo o Paquistão, particularmente em locais onde se pensava que tinha desaparecido. Como é a primeira vez que se efectua este tipo de investigação, não temos um ponto de comparação. Haverá portadores saudáveis, ou haverá doentes que escaparam às estatísticas (por exemplo, crianças da minoria Pashtun, marginalizada no país)? 16% das análises efectuadas em 53 locais de amostragem em todo o Paquistão são positivas, enquanto muito poucos doentes são detectados pelos médicos. Outra hipótese é que este fenómeno é normal antes do desaparecimento de um vírus deste tipo, que, apesar da sua presença, pode desaparecer muito rapidamente se já não encontrar crianças para infetar.

Em 25 de agosto de 2020, a Organização Mundial de Saúde (OMS) declarou a poliomielite "erradicada" do continente africano, após quatro anos consecutivos sem casos registados e esforços maciços para vacinar as crianças. Apenas dois países estão ainda infectados com o poliovírus selvagem: o Afeganistão, com 29 casos em 2020, e o Paquistão, com 58 casos.

Em 11 de junho de 2021, a OMS declarou que a doença tinha desaparecido das Filipinas na sequência de uma campanha de vacinação.

2.2 Poliomielite :

2.2.1 Definição: A poliomielite **é uma** doença contagiosa que pode ser prevenida através da vacinação. É causada pelo poliovírus dos tipos 1, 2 ou 3. É transmitida de pessoa para pessoa e através de alimentos e água contaminados.

2.2.2 Distribuição geográfica

A nível mundial, a poliomielite (vírus selvagem) foi declarada oficialmente erradicada nas Américas (1994), no Pacífico Ocidental (2000), na Europa (2002), no Sudeste Asiático, incluindo a Índia (2014), em África (2020), restando apenas o Paquistão e o Afeganistão. [2]Em França, o último caso de poliomielite autóctone data de 1989 e o último caso importado foi declarado em 1995.

O vírus selvagem de tipo 2 foi certificado como erradicado em 2015 (último caso em 1999) e o vírus selvagem de tipo 3 em 2019 (último caso em 2012). A partir desta data, o vírus de tipo 1 é o único tipo de vírus selvagem ainda em circulação.

No entanto, com o declínio do número de casos causados por vírus selvagens, o número de casos causados por vírus vacinais é agora maioritário.

Em 2018, foram notificados 33 casos em todo o mundo utilizando o vírus selvagem (21 no Afeganistão e 12 no Paquistão) e 104 utilizando o vírus da vacina (77 em África e 27 na Ásia).

Em 2019, registar-se-ão 176 casos do vírus selvagem, 29 no Afeganistão e 147 no Paquistão, e 378 casos do vírus da vacina em 19 países.

Em 2020, registaram-se 140 casos do vírus selvagem, 56 no Afeganistão e 84 no Paquistão, e 1039 casos do vírus da vacina em 26 países, a maioria dos quais em África.

2.2.3 Diagnóstico

Exames complementares

A análise do líquido cefalorraquidiano (LCR) colhido por punção lombar revelou um líquido claro, hipercitose moderada (elevado número de células num líquido corporal), predominantemente linfócitos, glicorraquia normal, proteinorraquia normal ou moderadamente aumentada, indicando meningite asséptica. Repetido 15 dias depois, o exame mostra geralmente uma diminuição do número de células e um aumento da proteinorraquia. No entanto, a utilização da punção lombar não é isenta de riscos, sobretudo em períodos epidémicos.

A serologia da poliomielite é sensível e precoce, mas o diagnóstico de certeza exige provas directas do poliovírus numa zaragatoa da garganta, nas fezes ou no LCR. Este exame só é efectuado excecionalmente em zonas endémicas, uma vez que é dispendioso e não é essencial. No entanto, é necessário em casos duvidosos, especialmente em zonas onde a doença desapareceu. A identificação do material genético viral através da reação em cadeia da polimerase permite também distinguir as estirpes selvagens das estirpes vacinais utilizadas na vacinação oral. Esta distinção é importante porque, por cada caso notificado de poliomielite paralítica, estima-se que existam 200 a 3.000 outros casos assintomáticos mas contagiosos.

Diagnóstico diferencial

O diagnóstico diferencial é muito difícil nas formas não paralíticas, uma vez que a doença é frequentemente confundida com uma infeção nasofaríngea ou digestiva comum.

Quando está presente uma síndrome meníngea, esta não difere de outras meningites virais.

A poliomielite paralítica é clinicamente suspeitada no início agudo de paralisia flácida de um ou mais membros com redução ou abolição dos reflexos osteotendinosos, sem qualquer comprometimento sensorial ou cognitivo. Outras características clínicas da paralisia flácida aguda que podem apontar para a poliomielite são a sua natureza assimétrica, a rápida progressão, a associação com febre e a ocorrência de sequelas. O diagnóstico é facilmente feito em nativos de áreas endémicas, mais raramente em viajantes não imunes.

O diagnóstico de poliomielite exige a exclusão de outra causa, nomeadamente inflamatória (síndrome de Guillain-Barré, mielite transversa aguda) ou mecânica (compressão medular ou radicular, traumatismo relacionado com uma injeção intramuscular). Outros tipos de enterovírus podem causar paralisias do tipo poliomielite. Os arbovírus também podem estar envolvidos. [174,175]A febre do Nilo Ocidental é um exemplo. Existem também doenças bacterianas como a difteria e o botulismo. Outros diagnósticos incluem a síndrome de Kugelberg-Welander e a distrofia miotónica.

2.2.4 Tratamento

A medicina não reconhece uma cura para a poliomielite. As formas extra-neurológicas e a meningite asséptica, quando diagnosticadas como tal, só podem ser tratadas sintomaticamente. No caso da poliomielite paralítica, o objetivo da terapêutica é aliviar os sintomas, acelerar a recuperação e prevenir as complicações. O tratamento inclui analgésicos para combater a dor, antibióticos para tratar as superinfecções bacterianas, exercício físico moderado e uma dieta adequada. O tratamento requer frequentemente uma convalescença prolongada, associada a uma reabilitação física, à utilização de ortóteses, de calçado ortopédico, de meios auxiliares de mobilidade (cadeiras de rodas, bengalas, etc.) e, em alguns casos, de cirurgia ortopédica.

2.2.5 Profilaxia

A maior parte da doença é transmitida por via fecal-oral, pelo que uma das melhores formas de a prevenir é melhorar a higiene.

A única ação médica preventiva possível é a vacinação das crianças.

Existem dois tipos de vacinas:

- A vacina inactivada injetável contra a poliomielite (IPV) foi desenvolvida na década de 1950 e contém as três estirpes de poliovírus envolvidas na doença. Induz um bom nível de imunidade e requer várias injecções com doses de reforço regulares. No entanto, o seu custo limitou durante muito tempo a sua difusão em certos países desenvolvidos, incluindo a França;

• A vacina oral contra a poliomielite (VOP) foi também desenvolvida na década de 1950. Também contém as 3 estirpes de poliovírus. Até agora, esta vacina tem sido a ferramenta preferida para erradicar a poliomielite, porque é fácil de utilizar, não é injetada e confere rapidamente uma boa imunidade. É também muito mais acessível. Por outro lado, é mais difícil de armazenar e a sua instabilidade genética é uma desvantagem (possível causa dos raros casos de poliomielite paralítica associados à vacina).

Todos os bebés devem ser vacinados com 3 injecções (aos 2 meses, 4 meses e 11 meses). As doses de reforço, essenciais para a proteção contra a doença, são administradas durante a infância (aos 11 e 13 anos) e continuam até à idade adulta (aos 25 e 45 anos). A vacina é paga.

3. SARS-COV2/COVID-19

3.1 SARS COV2

3.1.1 Definição

Sars-CoV-2 é o nome oficial do novo coronavírus identificado em 9 de janeiro de 2020 na cidade de Wuhan, capital da província de Hubei, na China. Inicialmente designado por coronavírus de Wuhan ou 2019-nCoV, o nome foi proposto pelo *Comité Internacional de Taxonomia dos Vírus,* o organismo responsável pela classificação dos vírus.

É o agente etiológico da epidemia de pneumonia infecciosa que se propagou na China e em todo o mundo a partir do final de dezembro de 2019. Esta doença foi designada Covid-19 pela OMS em 11 de fevereiro de 2020.

3.1.2 Estrutura :

Estrutura da proteína do vírus

Representação do peplómero, glicoproteína do SARS-CoV-2 (PDB: 6VSB), formando a espícula. A proteína inteira é um homotrímero, do qual apenas um monómero é detalhado aqui, sendo o resto do trímero mostrado a cinzento. Algumas partes da estrutura atual não são apresentadas. Os domínios da proteína são mostrados, do N-terminal (letra N) ao C-terminal (letra C): Domínio N-terminal; domínio de ligação ao recetor ACE2; estrutura geral; hélice central; o domínio conetor que fixa o peplómero ao invólucro lipídico do vírus. Ligações dissulfureto e hidratos de carbono a vermelho. O "chão" da membrana lipídica do vírus

Tal como outros coronavírus, o SARS-CoV-2 tem quatro proteínas estruturais:

1. **Proteína S** (conhecida como *spike* protein, *spicule* ou *spicular protein*):

forma os peplómeros, protuberâncias da "coroa" características dos coronavírus. Estes peplómeros desempenham um papel fundamental na ligação do vírus a um ou mais receptores na superfície de uma célula. A proteína S parece ser um dos principais determinantes do tropismo do SARS-CoV-2.

A publicação do genoma viral permitiu modelizar a sua estrutura tridimensional. Foi também descrito a nível atómico por microscopia eletrónica criogénica;

2. **Proteína E** (envelope) ;
3. **Proteína M** (membrana) ;
4. **Proteína N** (nucleocápside); envolve e protege o ARN viral (o código genético do vírus).

As proteínas S, E e M constituem o envelope viral.

Genoma

O genoma do SARS-CoV-2 contém 11 genes que reconhecem 15 *Open Reading Frames* (ORFs) que permitem a produção de 29 a 33 proteínas virais após proteólise. Inicialmente, foram identificadas 29 proteínas virais. No final de 2020, foram propostas pelo menos 4 proteínas virais adicionais (ORF2b, ORF3c, ORF3d e ORF3d-2).

O genoma do SARS-CoV-2 tem um cap na sua extremidade 5' e uma cauda poliadenilada na sua extremidade 3':

• Na sua extremidade 5' estão os genes ORFla e ORFlb que codificam proteínas não estruturais (*NSPs*). A ORF1a e a ORF1b representam dois terços do genoma e sobrepõem-se ligeiramente, pelo que são por vezes confundidas e referidas como ORF1ab. A ORF1ab é considerada um único gene que codifica 16 proteínas, várias das quais são enzimas que desempenham um papel essencial na replicação e expressão do genoma;

• Na sua extremidade 3' estão os dez genes que codificam as proteínas estruturais e acessórias. O SARS-CoV-2 tem quatro genes específicos para as proteínas estruturais: S, M, E e N. O gene da proteína N também integra as ORFs para produzir duas proteínas acessórias: 9b e 9c. Para além disso, o SARS-CoV-2 tem seis genes associados a proteínas acessórias: 3a, 6, 7a, 7b, 8 e 10. O gene ORF3a também codifica a maior parte da proteína ORF3b e 3 outras proteínas virais (ORF3c, ORF3d e ORF3d-2). Foi também sugerido que a ORF que codifica a proteína S produz uma segunda proteína denominada ORF2b.

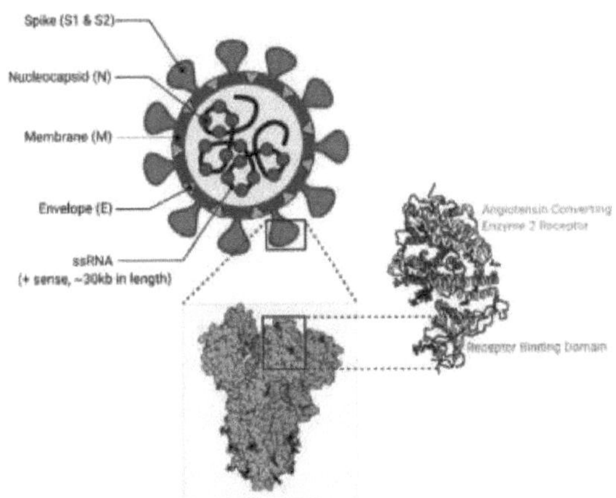

Figura 25: Estrutura do SARS Cov-2

As proteínas acessórias do SARS-CoV-2 divergem em parte das do SARS-CoV-1:

• O SARS-CoV-2 e o SARS-CoV-1 partilham as proteínas 3a, 6, 7a, 7b, 9b e 9c;

• As proteínas 3b e 8 do SARS-CoV-2 são diferentes das proteínas 3b, 8a e 8b do SARS-CoV-1. Juntamente com a proteína N, pensa-se que a ORF3b e a ORF8 foram os primeiros alvos dos anticorpos produzidos pelos linfócitos B após a infeção com o SARS-CoV-2. E isto muito antes de serem produzidos anticorpos contra fragmentos da proteína S. Isto sugere que as proteínas ORF3b e ORF8 são de grande importância na patogénese;

• Pensa-se que o SARS-CoV-2 tem 5 novas proteínas acessórias: 10, 2b, 3c, 3d e 3d-2.

3.1.3 Posição sistemática

Tipo	Vírus
Reino Unido	Riboviria
Regne	Orthornavirae
Ramos	Pisuviricota
Classe	Pisoniviricetes
Encomendar	Nidovirales
Subordem	Cornidovirineae
Família	Coronaviridae
Subfamília	Orthocoronavirinae
Tipo	Betacoronavírus
Subgénero	Sarbecovírus

Espécies   SARSr-CoV
Forma: SARS-CoV-2 ICTV

3.1.4 Tipos de infeção

Os possíveis modos de transmissão do SARS-CoV-2 incluem contacto, gotículas e ar, superfícies infectadas, feco-oral, sangue, mãe para filho e animal para humano. A infeção com o SARS-CoV-2 causa principalmente doença respiratória moderada a grave, que pode levar à morte, enquanto algumas pessoas infectadas com o vírus nunca desenvolvem sintomas.

J Transmissão por contacto e gotículas

O SARS-CoV-2 pode ser transmitido por contacto direto, indireto ou próximo com uma pessoa infetada através de secreções infectadas, tais como saliva e secreções respiratórias, ou através de gotículas respiratórias, que são expelidas quando uma pessoa infetada tosse, espirra, fala ou canta (2-10). As gotículas respiratórias têm >5-10 gm de diâmetro, enquanto as gotículas <5 gm de diâmetro são chamadas núcleos de gotículas ou aerossóis. A transmissão por gotículas respiratórias pode ocorrer quando uma pessoa está em contacto próximo (menos de 1 metro) com uma pessoa infetada que apresenta sintomas respiratórios (por exemplo, tosse ou espirros) ou que está a falar ou a cantar; nestas circunstâncias, é possível que gotículas respiratórias contendo o vírus atinjam a boca, o nariz ou os olhos de uma pessoa suscetível e causem infeção. A transmissão indireta, que envolve o contacto entre um hospedeiro suscetível e um objeto ou superfície infectados, também pode ser possível.

J Transmissão aérea

A transmissão por via aérea é definida como a propagação de um agente infecioso devido à disseminação de núcleos de gotículas (aerossóis) que permanecem infecciosos quando suspensos no ar, a longas distâncias e durante longos períodos de tempo. A transmissão aérea do SARS-CoV-2 pode ocorrer durante procedimentos médicos que geram aerossóis ("actos geradores de aerossóis"). A OMS está a discutir ativamente com a comunidade científica se o SARS-CoV-2 também se pode propagar por via aérea na ausência de procedimentos geradores de aerossóis, particularmente em ambientes agrícolas pouco ventilados.

3.1.5 Multiplicação

Após a tomada de controlo da célula infetada, e enquanto o complexo replicase-transcriptase (RTC) replica sequencialmente o genoma viral, os ribossomas são mobilizados para produzir uma série de proteínas virais estruturais. Estas proteínas reúnem-se no lúmen (interior) de um compartimento derivado do retículo endoplasmático. Esta fase é designada por "budding". Em primeiro lugar, uma proteína N (nucleocápside) liga-se a uma cópia do ARN e encaixa-a numa proteína M (membrana) que dá forma ao virião. As proteínas S são então incorporadas. A proteína M dirige a maior parte das interacções proteína-proteína necessárias para a montagem do vírus após a ligação ao nucleocapsídeo. A proteína E contribui para a montagem e libertação do virião da célula infetada, seguindo a via secretora (aparelho de Golgi, depois vesículas secretoras). O virião deixa o ambiente intracelular por exocitose e está pronto para infetar outra célula.

3.1.6 Mutações e variantes

Inicialmente considerado estável, o SARS-CoV-2 revelou-se um vírus extremamente instável. As mutações na proteína S são as que têm sido mais mediadas. A primeira grande mutação é a D614G, que favoreceu a infecciosidade do SARS-CoV-2. Desde dezembro de 2020, a variante inglesa foi distinguida por pelo menos 17 modificações (mutações ou deleções), todas as proteínas virais combinadas, um recorde. A mutação mais conhecida é a N501Y, que melhora a ligação do RBD ao recetor ACE2. A variante inglesa duplica a infecciosidade do vírus. Ao mesmo tempo, estão a aparecer variantes sul-africanas e brasileiras, que partilham a mutação N501Y com a variante inglesa. Mas estas duas variantes contêm sobretudo mutações como a E484K, que enfraquecem a eficácia dos anticorpos das vacinas de primeira geração e facilitam as reinfecções com o SARS-CoV-2.

No total, no final de março de 2021, dos 1 273 códons da proteína S, foram identificadas 28 mutações (2%) que se estão a propagar:

- 11 destas (40%) dizem respeito a NTD: mutações nos códons 18, 69, 70, 80, 138, 144, 215, 222, 241, 242 e 243;
- 6 delas (20%) dizem respeito à RBD: mutações nos códons 417, 439, 452, 477, 484 e 501;
- 4 dizem respeito a SD1 e SD2: mutações nos códons 570, 614, 677 e 681.

O NTD é o fragmento mais instável da proteína S, por outras palavras, o que sofre mutações mais rapidamente. Prevê-se que a próxima grande mutação na NTD ocorra no códão 248. Esta mutação poderia enfraquecer ainda mais os anticorpos das vacinas de primeira geração (AstraZeneca, Pfizer, Moderna...).

Para além da proteína S, no final de março de 2021, o SARS-CoV-2 concentra fortes mutações em :

- ORF9c: dos 73 códons desta proteína, sete (10%) estão em processo de evolução: 194, 199, 202, 203, 204, 205 e 220. A proteína ORF9c é essencial para o SARS-CoV-2 desregular os genes das células infectadas;
- ORF9b: dos seus 97 códons, quatro (4%) sofrem mutações muito fortes: 10, 16, 32 e 70. Para além da sua atividade anti-interferão, a ORF9b bloqueia a

apoptose (autodestruição celular);

• ORF8: dos seus 121 códons, sete (6%) já apresentam mutações avançadas: 27, 52, 68, 73, 84 e 92. A proteína ORF8 permite ao SARS-CoV-2 bloquear a apresentação de um antigénio pelo MHC-I das células infectadas, atrasando assim a resposta imunitária adaptativa;

• ORF3b: dos 156 codões desta proteína, apenas quatro mostram uma forte evolução: 171, 172, 174 e 223. Mas a ORF3b é a proteína do SARS-CoV-2 com a mais forte atividade anti-interferão. Acima de tudo, a ORF3b é truncada. A ORF3b que a codifica contém quatro codões de paragem que devem ser saltados à medida que as mutações ocorrem, permitindo gradualmente que esta proteína exerça uma atividade anti-interferão cada vez mais forte.

Por último, existem milhares de variantes do SARS-CoV-2, algumas das quais têm um impacto negativo na saúde humana, no diagnóstico e nas vacinas. De um modo geral, as variantes do SARS-CoV-2 que se destacam são as mais contagiosas, mais mortais e mais resistentes às vacinas e aos diagnósticos de primeira geração. Em março de 2021, uma variante identificada na Bretanha tem a particularidade de não ser detetável por testes PCR.

3.2 COVID-19

3.2.1 Definição

A Covid-19 refere-se à "*Doença do Coronavírus 2019*", a doença causada por um vírus da família *Coronaviridae*, o SARS-CoV-2. Esta doença infecciosa é uma zoonose, cuja origem ainda é debatida, que surgiu em dezembro de 2019 na cidade de Wuhan, na província chinesa de Hubei. Espalhou-se rapidamente, primeiro em toda a China e depois no estrangeiro, causando uma epidemia mundial.

A Covid-19 é uma doença respiratória que pode ser fatal em doentes enfraquecidos pela idade ou por outra doença crónica. É transmitida por contacto próximo com pessoas infectadas. A doença pode também ser transmitida por doentes assintomáticos, mas faltam dados científicos que o confirmem com certeza.

3.2.2 Distribuição geográfica

Desde a declaração do surto de COVID-19 em 31 de dezembro de 2020, foi notificado em todo o mundo um total de 191 127 casos de infeção, incluindo 7 807 casos fatais (uma taxa de mortalidade de 4,1%), de acordo com os dados disponíveis em 18 de março de 2020. Em 18 de março de 2020, 161 países, territórios ou regiões e um navio de transporte internacional tinham notificado casos de COVID-19 confirmados em laboratório.

Esta estatística mostra o número de pessoas que terão morrido devido ao coronavírus (COVID-19) em todo o mundo até 11 de fevereiro de 2022, consoante o país. De um total de mais de 405 milhões de infecções ligadas ao vírus em todo o mundo, 5,8 milhões de pessoas morreram até à data, incluindo mais de 130 000 em França.

Com 906 000 mortes, os Estados Unidos são o país que regista o maior número de vítimas. Embora haja pouca informação científica fiável disponível atualmente, estima-se que a taxa de mortalidade do vírus se situe entre 2% e 3%. Além disso, os profissionais de saúde referem que a maioria das vítimas do coronavírus (COVID-19) eram idosos (as pessoas com mais de 80 anos estão mais expostas) ou sofriam de patologias anteriores. Por conseguinte, a COVID-19 não provoca sistematicamente a morte das pessoas infectadas: de facto, a maior parte delas recupera.

3.2.3 Diagnóstico

Atualmente, o rastreio da infeção por **coronavírus baseia-se** num teste PCR (reação em cadeia da polimerase), que mostra se o vírus tem ou não ARN (ácido ribonucleico) numa zaragatoa nasofaríngea inserida profundamente na cavidade nasal.

3.2.4 Tratamento

Atualmente, não existe nenhum tratamento capaz de erradicar o vírus. Os únicos cuidados prestados aos doentes são o tratamento dos sintomas. Investigadores de todo o mundo estão a explorar inúmeras vias para encontrar um medicamento antiviral ou uma vacina, sem resultados convincentes até à data. Os antibióticos são ineficazes contra as infecções virais, tal como certos remédios tradicionais à base de plantas e alimentos.

Em cerca de 80% dos casos, os doentes recuperam espontaneamente, sem necessitarem de qualquer tratamento especial. Os casos mais graves são tratados em unidades de cuidados intensivos no hospital, onde são monitorizados de perto.

3.2.5 Profilaxia

Para evitar a propagação da COVID-19, siga estas recomendações: Mantenha uma distância segura de todas as pessoas (pelo menos 1 metro), incluindo as pessoas que não parecem estar doentes.

- Usar uma máscara em locais públicos, especialmente dentro de casa ou quando não for possível manter o distanciamento físico.
- As áreas abertas e bem ventiladas são preferíveis aos espaços fechados. Abra uma janela se estiver dentro de casa.
- Lavar frequentemente as mãos com água e sabão ou com uma solução hidroalcoólica.
- Vacine-se o mais rapidamente possível, seguindo as recomendações locais de vacinação.

- Se tossir ou espirrar, cubra o nariz e a boca com o cotovelo ou um lenço.
- Fique em casa se não se sentir bem.

4. Vírus da hepatite B/Hepatite B

1.1. Vírus da hepatite B

1.1.1. Definição

A hepatite B é uma doença do fígado causada por um **vírus** de ADN da família hepadnaviridae. Se não for diagnosticada, pode evoluir para cirrose e mesmo para cancro do fígado. Com 350 milhões de pessoas afectadas **em todo o mundo**, é uma das doenças crónicas mais comuns.

4.1.2 Estrutura

O **vírus da hepatite B** (VHB) é um **vírus** envelopado de 42 nm pertencente à família Hepadnaviridae. O seu genoma é um ADN circular de cadeia dupla com 3.200 nucleótidos, composto por uma cadeia longa e uma cadeia curta. É um genoma pequeno com um quadro de leitura parcialmente sobreposto. É o mais pequeno dos vírus de ADN humano. Codifica apenas 4 genes:

1. **O gene C,** com uma zona pré-C, para o capsídeo ou núcleo, constituído pelo antigénio HBc com um peso molecular de 21 000 (21 kDa).

2. **O gene S,** com uma zona pré-S1 e uma zona pré-S2, para o envelope, constituído pelo antigénio HBs (s para superfície). Este antigénio HBs apresenta-se em três formas: pequena, média e grande, de 24, 33 e 39 kDa, consoante provenha da expressão do gene S, pré-S2 + S ou pré-S1 + pré-S2 + S.

3. **O gene P,** para polimerase, mais precisamente DNA polimerase, 90 kDa.

4. **O gene X,** com as suas funções de transactivação mal compreendidas, pode estar envolvido na cancerogénese induzida pelo VHB.

Quatro genes num genoma tão pequeno implicam uma organização particular e muito económica: o ADN viral é circular, com 2 cadeias em 50 a 80% do seu comprimento e, sobretudo, são utilizados os seus 3 quadros de leitura, de modo a que os genes se sobreponham, aproveitando ao máximo a capacidade genética limitada do vírus. O gene P, o mais longo dos quatro, correspondendo a três quartos do genoma, sobrepõe-se assim completamente ao gene S e parcialmente aos genes C e X.

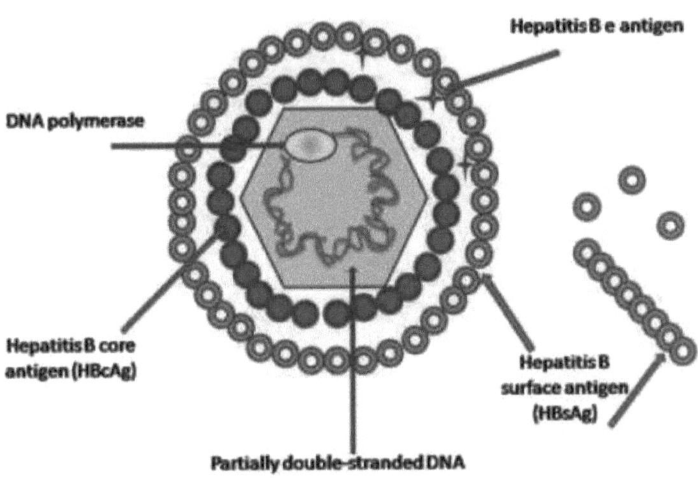

Figura 26: Estrutura do vírus da hepatite B

4.1.3 Posição sistemática do vírus da hepatite B

Tipo   Vírus
Grupo   Grupo VII
Família   Hepadnaviridae
Tipo   Orthohepadnavirus
Espécies : *vírus da hepatite B*

4.1.4 Modo de infeção

O vírus é transmitido através de fluidos biológicos e secreções. Os principais modos de transmissão são as relações sexuais, as injecções por consumidores de drogas, as transfusões de sangue sem segurança, a transmissão de mãe para filho durante o parto e o contacto próximo com uma pessoa infetada. Uma vez na corrente sanguínea, o vírus atinge o fígado e multiplica-se nas suas células, os hepatócitos. O sistema imunitário destrói as células infectadas, provocando uma inflamação do fígado.

4.1.5 Multiplicação

O homem é o único hospedeiro natural. A infeção dos chimpanzés e de outros primatas em cativeiro tem sido atribuída principalmente ao contacto humano. No entanto, foram também observadas variantes específicas do VHB em circulação nestes animais. Estas levantam questões interessantes sobre a origem do VHB, mas esta infeção dos primatas não desempenha atualmente um papel na epidemiologia humana.

As células permissivas são os hepatócitos, embora o ADN viral tenha sido encontrado em pequenas quantidades em locais extra-hepáticos, monócitos, linfócitos B, linfócitos T CD4+ e CD8+. Isto está provavelmente relacionado com as reinfecções do enxerto observadas após o transplante de fígado, particularmente em doentes com hepatite crónica grave.

No entanto, a multiplicação *in vitro* do VHB, que pode ser obtida em culturas primárias de hepatócitos ou em certas linhas contínuas de células que conservam as propriedades das células hepáticas, parece ser muito limitada em comparação com o que se observa *in vivo* no ser humano.

4.1.6 Contexto histórico

A primeira epidemia de hepatite B registada foi observada por Lurman em 1885: em Bremen, em 1883, registou-se um surto de varíola e 1 289 trabalhadores de estaleiros foram inoculados com a linfa de outros; após várias semanas, e até oito meses depois, 191 dos trabalhadores inoculados adoeceram e desenvolveram um ícone, tendo-lhes sido diagnosticada hepatite sérica. Os outros trabalhadores, inoculados com diferentes lotes de linfa, permaneceram de boa saúde. A publicação de Lurman, atualmente considerada um exemplo clássico de investigação epidemiológica, provou que a contaminação linfática era a causa da epidemia. Mais tarde, foram registados muitos casos semelhantes após a introdução das agulhas hipodérmicas em 1909, que eram utilizadas repetidamente para administrar Salvarsan para o tratamento da sífilis.

Já em 1947 se suspeitava da existência de um vírus, mas este só foi descoberto em 1963, quando Baruch Blumberg, um geneticista que trabalhava na altura nos NIH americanos, detectou uma reação invulgar entre o soro de indivíduos politransfundidos e o de um aborígene australiano. Pensou ter descoberto uma nova lipoproteína na população aborígene, a que chamou antigénio "Austrália" (mais tarde conhecido como antigénio de superfície da hepatite B, ou HBsAg). [19]Em 1967, Blumberg publicou um artigo que mostrava a relação entre este antigénio e a hepatite. O nome HBs passou posteriormente a ser utilizado para designar este antigénio. Pela sua descoberta do antigénio e pela conceção da primeira geração de vacinas contra a hepatite, Blumberg foi galardoado com o Prémio Nobel da Medicina em 1976.

As partículas do vírus foram observadas com um microscópio eletrónico em 1970. O genoma do vírus foi sequenciado em 1979 e as primeiras vacinas foram testadas em 1980. Foram identificados diferentes genótipos (pelo menos nove, classificados de A a I) e estudada a sua distribuição geográfica. O estudo em 2018 de 12 genomas do vírus em ossos que datam de 800 a 4500 anos, combinado com resultados menos completos em 304 outros esqueletos antigos, traça a evolução do vírus e a sua relação com os vírus da hepatite B nos grandes símios. A distribuição geográfica dos genomas antigos não é idêntica à distribuição atual, mas é compatível com o que se sabe sobre as migrações humanas durante as Idades do Bronze e do Ferro. [-6]A deriva genética é estimada em 8-15 x 10 substituições de nucleótidos por sítio por ano, o que implica uma idade entre 8.600 e 20.900 anos para a raiz da árvore genética do vírus da hepatite B.

4.2 Hepatite B

4.2.1 Definição

A hepatite B é uma hepatite viral causada por uma infeção pelo vírus da hepatite B (VHB), que provoca uma inflamação do fígado.

Os sintomas da doença ai guc são essencialmente uma inflamação do fígado, com ou sem iterícia, e perturbações digestivas com náuseas e vómitos. Nesta fase, a revolução é frequentemente benigna, embora a hepatite B seja a forma mais grave de hepatite viral.

4.2.2 Distribuição geográfica

A hepatite B está presente em todo o mundo, mas sobretudo na Ásia, no Médio Oriente, em África e em partes da América. Na Suíça, cerca de 0,5% da população está infetada com o vírus da hepatite B, em comparação com uma média mundial de cerca de 3,5%. Todos os anos são notificados na Suíça cerca de quarenta casos de hepatite B aguda, com tendência para diminuir, sendo os homens de longe os mais afectados (75% dos casos). A maioria das infecções (cerca de 55%) ocorre na faixa etária dos 35 aos 60 anos.

4.2.3 Diagnóstico

A gravidade da infeção pelo VHB está essencialmente relacionada com a possível progressão da hepatite crónica para cirrose e hepatocarcinoma. O diagnóstico baseia-se essencialmente na serologia.

J **Diagnóstico clínico**

O exame clínico de um portador de hepatite B crónica é normal, com exceção de uma astenia moderada em alguns casos. No caso de hepatite crónica ativa, podem surgir determinados sintomas. Estes incluem febre baixa, aumento do fígado e/ou do baço (hepatomegalia e/ou esplenomegalia), crises ictéricas (sintomas semelhantes aos da gripe: dores de cabeça, dores articulares e musculares, mas também náuseas, diarreia e urina escura) e manifestações extra-hepáticas devidas a depósitos de complexos imunes (por exemplo, periarterite nodosa).

Nos casos de cirrose, observam-se sinais clínicos de insuficiência hepatocelular e hipertensão portal.

J **Diagnóstico imunológico**

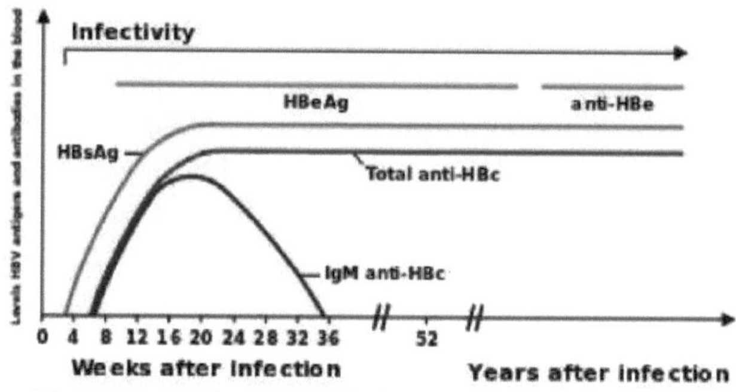

Figura 27: Evolução da IgM na infeção por HBsAg, HBeAg e HBcAg

Antigénios e anticorpos da hepatite B detectáveis no sangue durante a infeção crónica (figura 27).

O diagnóstico específico da hepatite viral por VHB baseia-se na deteção de determinados marcadores séricos:

* anticorpos: IgG anti-HBs, IgG anti-HBe, IgM e IgG anti-HBc ;
* antigénios: HBs e HBe ;

. ADN DO VHB.

A deteção de antigénios é efectuada através de testes RIA (Radio Immuno Assay). O ADN sérico do VHB é detectado através de técnicas de hibridação molecular (PCR).

4.2.4 Tratamento

'Não existe um **tratamento específico para a hepatite B aguda** (o período que se segue à infeção). Os doentes devem repousar, comer alimentos com baixo teor de gordura e evitar o álcool ou qualquer medicamento que possa ser tóxico para um fígado já enfraquecido pelo vírus da hepatite B. Existem medicamentos indicados para o tratamento da hepatite B crónica. Mas **a maioria das pessoas com hepatite B crónica não precisa destes tratamentos medicamentosos**. Basta um controlo médico regular.

Quando o vírus da hepatite B está muito ativo, ou quando o fígado apresenta sinais de inflamação ou fibrose, o médico considerará a possibilidade de tratamento contra o vírus da hepatite B. Nas formas graves de hepatite B crónica, e sobretudo nas pessoas cujo diagnóstico é muito tardio, pode ser necessária a hospitalização para tratar os sintomas, introduzir o tratamento e acompanhar a evolução.

4.2.5 Profilaxia

A vacinação contra a hepatite B é preferencialmente recomendada para bebés, utilizando uma vacina combinada hexavalente, aos 2, 4 e 12 meses de idade. A vacinação é também recomendada entre os 11 e os 15 anos de idade para as pessoas ainda não vacinadas contra a hepatite B, bem como para os grupos de risco em qualquer idade, incluindo os profissionais de saúde e os consumidores de drogas.

Não partilhar agulhas ou fazer uma tatuagem em países onde a doença está disseminada reduz o risco de a contrair.

As pessoas que mudam frequentemente de parceiro sexual ou que têm vários parceiros no mesmo período devem, por isso, falar com o seu médico ou outro profissional de saúde sobre o VIH e outras infecções sexualmente transmissíveis e perguntar se são necessários testes.

5. Lassa/Vírus de Lassa

5.1 Vírus de Lassa

5.1.1 Definição: **A febre de Lassa** é uma febre hemorrágica de início súbito causada por um arenavírus denominado vírus de Lassa, estreitamente relacionado com a doença do vírus Ébola, descrito pela primeira vez em 1969 na cidade de Lassa, no Estado de Borno, Nigéria.

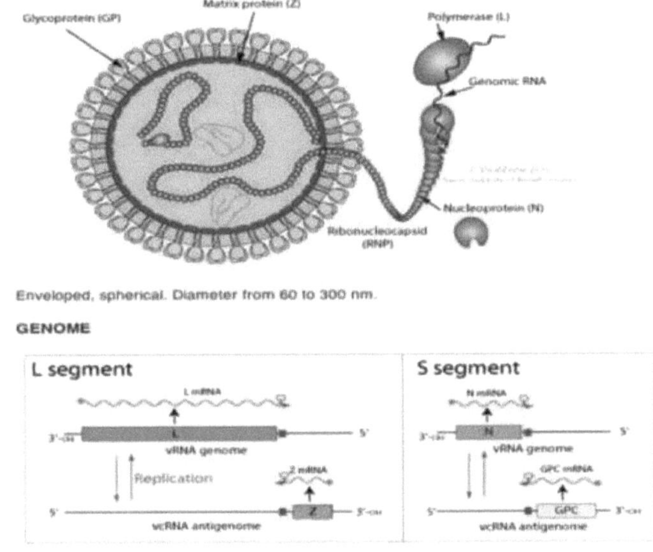

Figura 28: Estrutura do vírus de Lassa

5.1.2 Estrutura :

O genoma deste vírus de envelope consiste em dois segmentos de ARN, cada um codificando duas proteínas, uma em cada direção, num total de quatro. O segmento grande, com 7 kilobases de comprimento, codifica, no sentido positivo, uma pequena proteína **Z** zinc finger de 11 kDa que regula a transcrição e a replicação; no sentido negativo, codifica a RNA polimerase dependente de RNA **L** de 200 kDa. O pequeno segmento, com 3,4 kb de comprimento, codifica, no sentido positivo, o precursor **GP** de 75 kDa das glicoproteínas de superfície, um precursor que é depois clivado por proteólise em duas glicoproteínas de envelope **GP1** e **GP2** que se ligam ao recetor alfa-distroglicano (en) (a-DG) e permitem que o vírus penetre na célula hospedeira; no sentido negativo, codifica a nucleoproteína **NP** de 63 kDa.

5.1.3 Posição sistemática :

Tipo de vírus   Vírus
Domaine   Riboviria
Sucursal de Negarnaviricota
Sub-embr.   Polyploviricotina
Classe   Ellioviricetes
Encomendar   Bunyavirales
Família   Arenaviridae
Tipo   Mammarenavírus

Espécies
***Mammarenavírus Lassa* ICTV**
5.1.4 Modo de infeção
O vírus de Lassa entra na célula hospedeira através de receptores a-DG. O reconhecimento dos receptores depende de uma modificação particular de uma a-DG ose por glicosiltransferases específicas. As variantes específicas dos genes que codificam estas proteínas estão particularmente presentes na África Ocidental, onde a febre de Lassa é endémica. A presença de um resíduo de aminoácido alifático na posição 260 da glicoproteína GP1 é essencial para a afinidade desta última pela l'a-DG. A natureza do resíduo precedente (na posição 259) também parece ser um fator determinante, uma vez que todos os vírus do género *Arenavirus* com uma elevada afinidade para a-DG têm um resíduo com uma cadeia lateral aromática - tirosina ou fenilalanina - nesta posição.

Ao contrário da maioria dos vírus com envelope, que utilizam cavidades revestidas de clatrina para penetrar no seu hospedeiro e se ligam ao seu recetor de uma forma dependente do pH, o vírus de Lassa segue uma via de endocitose que é independente da clatrina, caveolina, dinamina e actina. Uma vez no interior da célula, as partículas virais são rapidamente transferidas para os endossomas através da circulação vesicular. A fusão do envelope viral com a membrana vesicular ocorre através da interação da glicoproteína viral GP2 com a proteína lisossomal LAMP1 (en) sob o efeito do pH ácido do endossoma. A compreensão dos mecanismos subjacentes às alterações conformacionais induzidas pela ligação da glicoproteína viral ao seu recetor e pela fusão da membrana é o foco da investigação destinada a desenvolver uma vacina contra a febre de Lassa.

Dado o perigo biológico que representa, o vírus de Lassa só pode ser manipulado num laboratório P4 ou BSL-4.

5.1.5 Multiplicação

A replicação do vírus de Lassa ocorre em fases sucessivas que contribuem para a imunossupressão. Dada a natureza ambisense do genoma deste vírus, a sua replicação produz primeiro um grande número de cópias de um genoma viral de ARN complementar utilizado para expressar maciçamente as proteínas codificadas no sentido negativo, ou seja, a nucleoproteína NP e a ARN polimerase L dependente de ARN. O genoma viral é em seguida transcrito de forma idêntica ao vírus original a partir deste genoma complementar para completar a replicação viral, permitindo a expressão maciça das proteínas codificadas no sentido positivo, ou seja, a proteína Z de dedo de zinco e o precursor da glicoproteína GP7, que tem ainda de ser clivada em GP1 e GP2. Estas últimas são assim produzidas em último lugar, o que atrasa ainda mais a identificação do vírus pelo sistema imunitário do hospedeiro, provocando a imunossupressão observada nos casos de febre de Lassa.

5.2 Febre de Lassa

5.2.1 Definição: A febre **de Lassa é** uma febre hemorrágica viral com duração de uma a quatro semanas que ocorre na África Ocidental. O vírus **de Lassa** é transmitido aos seres humanos através do contacto com alimentos ou artigos domésticos contaminados com urina ou excrementos de roedores.

5.2.2 História: Os primeiros casos foram registados na década de 1950, mas só em 1969 é que o vírus foi isolado de uma enfermeira na cidade nigeriana de Lassa.

Os conflitos que afectam alguns dos países da zona endémica provocam movimentos de população que favorecem as epidemias. A Serra Leoa, por exemplo, registou uma epidemia de proporções excepcionais entre 1996 e 1997, devido a uma guerra civil.

5.2.3 Distribuição geográfica: A febre de Lassa ocorre principalmente na África Ocidental. É endémica na Nigéria, Guiné (Conacri), Libéria e Serra Leoa. Segundo a OMS, afecta igualmente outros países da África Ocidental.

5.2.4 Epidemiologia

Nas zonas endémicas, pensa-se que até 50% da população está infetada com a doença. [5]Estudos epidemiológicos identificaram entre 300.000 e 500.000 casos por ano nos países da África Ocidental. [6]Destes 300.000 a 500.000 casos, 5.000 a 6.000 pessoas morrem todos os anos devido à febre de Lassa. A taxa de mortalidade dos casos é de cerca de 1%, mas atinge 15% nos doentes hospitalizados. Nas mulheres grávidas, a taxa de mortalidade é de 30%, e o feto morre em 85% dos casos.

5.2.5 Diagnóstico :

Como os sintomas da febre de Lassa são muito variáveis e pouco específicos, o diagnóstico clínico é muitas vezes difícil, especialmente nas fases iniciais da doença. É difícil distinguir a febre de Lassa de outras febres hemorrágicas virais, como a doença do vírus Ébola, e de muitas outras doenças que provocam febre, incluindo a malária, a shigelose, a febre tifoide e a febre amarela.

O diagnóstico de certeza exige que os testes sejam efectuados apenas em laboratórios de referência. As amostras de laboratório podem representar um risco biológico e requerem um manuseamento extremamente cuidadoso.

A infeção pelo vírus de Lassa só pode ser diagnosticada com certeza através dos seguintes testes laboratoriais:

- ensaio de imunoabsorção enzimática (ELISA);
- deteção de antigénios;
- amplificação do gene precedida de transcrição reversa (RT-PCR);
- isolamento do vírus em cultura celular.

5.2.6 Tratamento

[4]Atualmente, o único tratamento eficaz é a injeção intravenosa de ribavirina, um agente antivírico utilizado, nomeadamente, no tratamento da hepatite C . [4]Para ser eficaz, o tratamento deve ser administrado numa fase precoce da doença. Prescrito durante os primeiros 6 dias, pode reduzir a taxa de infeção por hepatite C em 90%. Este tratamento pode ter um certo número de efeitos secundários, nomeadamente uma anemia grave. Felizmente, estes efeitos secundários são reversíveis após a interrupção do tratamento.

A baixa especificidade dos sintomas iniciais dificulta o diagnóstico nos primeiros dias da doença. Esta é a principal limitação deste tratamento, uma vez que o antiviral só é eficaz nas fases iniciais da doença. Por conseguinte, a doença continua a ser difícil de tratar.

J **Projeto em curso**

Muitos laboratórios estão atualmente à procura de uma vacina contra a febre de Lassa. Em particular, a investigação está a ser levada a cabo por investigadores do Institut Pasteur e do INSERM no laboratório P4 do Centro de Investigação Merieux-Pasteur em Lyon, França.

Os investigadores isolaram proteínas na superfície do vírus que activam a produção de anticorpos. No entanto, existem variações significativas - até 20% -

nestas proteínas. Como resultado, as respostas imunitárias podem ser muito diferentes. Para produzir uma vacina eficaz, temos de encontrar o "denominador comum" para todas estas glicoproteínas, que estimulam a produção de anticorpos que actuam em todos os casos.

A esperança é pequena, mas estas proteínas continuam a ser as únicas soluções atualmente conhecidas, abrindo caminho para o desenvolvimento de uma possível vacina.

5.2.7 Prevenção

A prevenção da febre de Lassa envolve a promoção de uma boa "higiene comunitária" para evitar que os roedores entrem nas casas. As medidas eficazes incluem armazenar cereais e alimentos em recipientes à prova de roedores, deitar fora o lixo longe das casas, mantê-las limpas e manter os gatos longe das casas.

Os ratos *Mastomys* são tão abundantes nas zonas endémicas que é impossível eliminá-los completamente do ambiente. As famílias devem ter sempre o cuidado de evitar qualquer contacto com o sangue e os fluidos biológicos de uma pessoa doente.

No ambiente médico, o pessoal deve tomar sempre as precauções habituais para prevenir e controlar as infecções associadas aos cuidados de saúde quando presta assistência aos doentes, independentemente do diagnóstico presumido. Estas precauções incluem a higiene básica das mãos, a higiene respiratória, a utilização de equipamento de proteção individual (para proteger contra salpicos ou outros contactos com materiais contaminados), injecções seguras e ritos funerários.

Os profissionais de saúde que cuidam de casos suspeitos ou confirmados de febre de Lassa devem tomar medidas adicionais de controlo da infeção para evitar o contacto com o sangue ou fluidos corporais do doente e com superfícies ou materiais contaminados, como o vestuário e a roupa de cama. Quando em contacto próximo com os doentes (a menos de um metro de distância), devem usar proteção facial (viseira ou máscara cirúrgica e óculos de proteção), uma bata limpa, não esterilizada, de mangas compridas e luvas (esterilizadas para determinados procedimentos médicos).

O pessoal de laboratório também está em risco. As amostras colhidas de seres humanos ou animais para testar a infeção pelo vírus de Lassa devem ser manuseadas por pessoal qualificado e analisadas em laboratórios que utilizem as condições de confinamento mais rigorosas possíveis.

6. Vírus Ébola/Doença do vírus Ébola
6.1 Vírus Ébola
6.1.1 Definição

O **vírus Ébola é** o agente infecioso que causa frequentemente febres hemorrágicas nos seres humanos e noutros primatas - doença do vírus Ébola - e tem sido a causa de epidemias de proporções e gravidade históricas.

6.1.2 Estrutura :

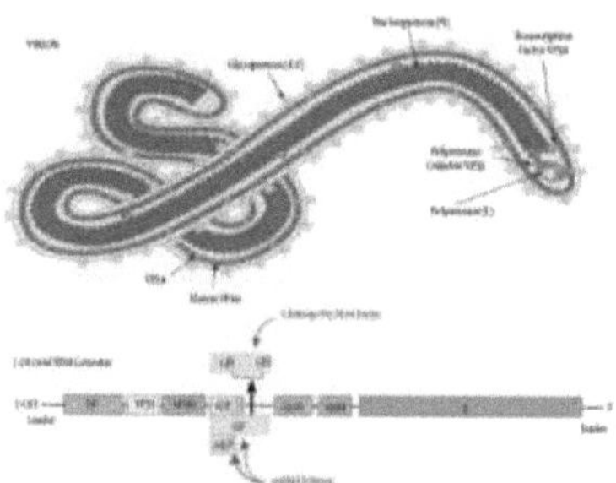

Figura 30: Estrutura do vírus Ébola

O vírus Ébola pode ser linear ou ramificado, variando o seu comprimento entre 0,8 e 1 gm, mas pode atingir 14 gm por concatenação (formação de uma partícula longa por concatenação de partículas mais curtas), com um diâmetro constante de 80 nm. Possui um capsídeo nuclear helicoidal com 20-30 nm de diâmetro. Este é constituído pelas nucleoproteínas NP e VP30, que, por sua vez, são envolvidas por uma matriz helicoidal com 40-50 nm de diâmetro, constituída pelas proteínas VP24 e VP40 e com estrias transversais de 5 nm. A matriz é, por sua vez, envolvida por uma membrana lipídica que contém glicoproteínas GP.

Figura 31: Organização do genoma do vírus Ébola.

Tem um genoma de 19 quilobases com uma organização caraterística dos filovírus.

6.1.3 Posição sistemática

Tipo	Vírus
Domínio	Riboviria
Ramo	Negarnaviricota
Sub-embr.	Haploviricotina
Classe	Monjiviricetes
Encomendar	Mononegavirales
Família	Filoviridae
Tipo	Ebolavírus

Espécie: Ebolavírus Zaire ICTV

6.1.4 Contexto histórico :

O vírus Ébola deve o seu nome a um rio que passa pela cidade de Yambuku, no norte do Zaire (atual República Democrática do Congo). Foi no hospital desta cidade que foi identificado o primeiro caso de febre hemorrágica do vírus Ébola, em setembro de 1976, pelo médico chefe da zona sanitária de Bumba, o médico congolês Ngoy Mushola, que fez a primeira descrição clínica completa, anunciando uma primeira epidemia que viria a afetar 318 pessoas e a matar 280.

O médico belga Peter Piot, do Instituto de Medicina Tropical de Antuérpia, que durante muito tempo foi erradamente apresentado como o descobridor do vírus Ébola, fez parte da primeira equipa de laboratório a trabalhar no que mais tarde foi identificado como um novo vírus. Nas suas próprias palavras, deveria ter sido mais reativo quando alguém o declarou "o descobridor do vírus".

ᵀAs amostras de sangue utilizadas para identificar o vírus, outrora atribuído ao investigador congolês Jean-Jacques Muyembe, foram de facto recolhidas pela equipa constituída pelo Dr. Firmin Krubwa, da Universidade de Kinshasa, e pelos Drs. Gilbert Raffier e Jean-Francois Ruppol para o sangue de convalescentes, ᵀe pelo Dr. Jacques Courteille, da Clinique Ngaliema em Kinshasa, para o sangue de uma enfermeira que morreu da doença, como atestado em 2016 no prestigiado *Journal of Infectious Disease*, pelos principais actores ainda vivos desta primeira epidemia.

6.1.5 Modo de infeção

Para Munster, especialista em Ébola e noutros agentes patogénicos perigosos, a compreensão da epidemiologia deste vírus (e, em particular, da forma como um vírus zoonótico passa de uma espécie para outra) implica uma abordagem ecoepidemiológica, porque "a exploração madeireira, a caça e a fixação humana em ambientes intocados desempenham um papel importante, colocando as pessoas em contacto com os micróbios que aí se escondem. Quando um novo agente infecioso chega ao homem, as forças da globalização, da urbanização e da mobilidade podem propagá-lo mais rapidamente do que nunca".

J Entre humanos

O contacto direto com os fluidos corporais (sangue, vómito, diarreia, suor, supurações, saliva, esperma, etc.) de uma pessoa infetada é a principal via de contaminação entre humanos.

De acordo com as conclusões da OMS de outubro de 2016, os fluidos mais infecciosos são atualmente o sangue, as fezes e o vómito. Por outro lado, o vírus não se propaga por tosse ou espirros, com um risco "raro ou inexistente" segundo as observações actuais da OMS: tendo em conta os dados epidemiológicos, incluindo o último surto, os padrões de propagação não correspondem às características das doenças transmitidas pelo ar (vírus do sarampo ou da varicela, ou bacilos da tuberculose, por exemplo).

O risco de propagação entre o pessoal hospitalar é muito elevado, nomeadamente se o material não for esterilizado. Nas zonas endémicas, a inobservância das regras de higiene e de segurança provocou a morte de vários médicos e enfermeiros durante as epidemias e favorece a contaminação nosocomial. O contacto próximo, ou seja, o contacto direto com os fluidos corporais de uma pessoa infetada, viva ou morta, é uma fonte de contágio; os rituais fúnebres de certos povos centro-africanos, que consistem em lavar o corpo e depois enxaguar as mãos numa bacia comum, também favoreceram muitas vezes a propagação do vírus entre a família e os amigos do defunto.

J Entre humanos e animais

Uma hipótese é que, nos locais onde os morcegos frugívoros são particularmente abundantes, poderiam ser uma fonte de infeção para outras espécies, mas, de 2006 a 2017, "ninguém isolou o vírus que vive nos morcegos e ninguém sabe como é que o Ébola pode passar de um morcego para outros mamíferos, incluindo os humanos, ou porque é que este salto fatal é tão imprevisível no tempo e na geografia". Poderá estar envolvido um hospedeiro intermediário ainda não identificado.

A transmissão ao homem parece estar ligada à manipulação de primatas (vivos ou mortos) infectados com o vírus: é o caso dos macacos, provavelmente do género *Cercopithecus*, vendidos como carne de animais selvagens nos mercados da República Democrática do Congo.

Em laboratório, foram infectados primatas não humanos após exposição a partículas do vírus em aerossol provenientes de suínos, mas não foi demonstrada a transmissão por via aérea entre primatas. Os suínos excretaram o vírus nas secreções nasofaríngeas e nas fezes após inoculação experimental.

6.1.6 Multiplicação

A fusão do invólucro do virião com a membrana plasmática da célula hospedeira liberta o capsídeo nuclear no citoplasma da célula alvo. A RNA polimerase L dependente de RNA desnatura parcialmente o RNA genómico e transcreve-o em RNA mensageiro positivamente polarizado, que é depois traduzido em proteínas. A RNA polimerase L do vírus Ébola liga-se a um promotor único localizado na extremidade 5' do genoma viral. A expressão dos genes processa-se então sequencialmente, com uma probabilidade crescente de interrupção à medida que a polimerase avança ao longo da cadeia de ARN genómico a transcrever: o primeiro gene do promotor é assim mais expresso do que o último gene na extremidade 3'. A ordem dos genes no genoma viral fornece assim um meio simples mas eficaz de regular a sua transcrição: a nucleoproteína NP, codificada pelo primeiro gene, é produzida em maior quantidade do que a polimerase L, codificada pelo último gene.

A concentração desta nucleoproteína no citosol do hospedeiro determina o momento em que a polimerase L passa da transcrição - produção de ARN mensageiro a partir do ARN genómico - para a replicação viral - produção de antigenomas de ARN de polaridade positiva através da replicação integral de um ARN genómico original. Estes antigenomas são, por sua vez, transcritos em genomas virais de ARN de polaridade negativa que interagem com proteínas estruturais previamente traduzidas a partir do ARN viral. As partículas virais auto-montam-se a partir das proteínas recém-produzidas e do material genético perto da membrana celular. Brotam para fora da célula, cobrindo-se com um envelope viral derivado da membrana plasmática, onde são inseridas as glicoproteínas GP, libertando novos viriões prontos a infetar outras células.

6.2 Doença do vírus Ébola

6.2.1 Definição

A doença **do vírus Ébola** (anteriormente conhecida como febre hemorrágica **do Ébola**) é uma doença grave, frequentemente fatal nos seres humanos. O **vírus** é transmitido aos seres humanos por animais selvagens e depois propaga-se através da transmissão entre seres humanos. A taxa média de mortalidade dos casos é de cerca de 50%.

6.2.2 Distribuição geográfica

Entre 2014 e 2016, o ressurgimento da doença do vírus **Ébola afectou** quase 30 000 pessoas em dez **países**, principalmente da África Ocidental. Mais de 99% dos casos fatais ocorreram na Guiné, Libéria e Serra Leoa.

6.2.3 Diagnóstico

Para confirmar o **diagnóstico**, as amostras de sangue devem ser enviadas para o Centro Nacional de Referência para as Febres Hemorrágicas Virais do país ou para outro laboratório de nível de biossegurança 4 (P4), que é o único autorizado a efetuar testes biológicos para determinar se o genoma do vírus **Ébola** está ou não presente no sangue do doente.

A análise das amostras por PCR ou ELISA deve ser efectuada numa cabina de segurança biológica de classe III (porta-luvas), com certificação válida, numa área separada do laboratório.

• Após a inativação, as amostras podem ser retiradas da caixa de luvas e todos os outros procedimentos podem ser realizados em condições de biossegurança de nível 2.

• Usar equipamento de proteção individual (EPI) adequado para manusear as amostras antes da inativação: luvas, máscaras ajustadas, tais como respiradores N95 com peças faciais filtrantes (FFP) 3, respiradores purificadores de ar eléctricos (PAPR) se o teste de ajuste falhar, protecções faciais completas e batas impermeáveis descartáveis.

6.2.4 Tratamento

A doença causada pelo vírus é fatal em 20% a 90% dos casos. Esta grande diferença deve-se ao facto de o vírus Ébola ser particularmente perigoso em África, onde os cuidados são limitados e difíceis de prestar à população. Embora não exista um tratamento específico para o vírus, um certo número de tratamentos sintomáticos (reanimação, reidratação, transfusão, etc.) pode evitar a morte do doente.

A primeira utilização de sangue ou soro de convalescentes como opção de tratamento, para aproveitar os seus anticorpos e induzir a imunização passiva nos doentes transfundidos, foi tentada com sucesso durante a primeira epidemia de Ébola em 1976, em Yambuku. Nessa ocasião, foi mesmo posto em prática um programa de plasmaférese, que constituía uma das recomendações da Comissão Internacional, então enviada pelo governo de Zairois.

Uma vacina viva atenuada experimental produziu resultados encorajadores em macacos. A vacina foi administrada em março de 2009 a um investigador que trabalhava com o vírus, na sequência de uma possível contaminação acidental. Os resultados foram favoráveis. Desde 2019, têm sido realizadas campanhas de vacinação nas zonas afectadas utilizando esta vacina contra o vírus Ébola.

6.2.4 Epidemiologia 2013-2015

[94]Esta epidemia, que começou em dezembro de 2013, é por vezes descrita como "atípica", porque não está sob controlo. Em julho de 2014, estava a desenvolver-se de forma preocupante na Guiné, Libéria e Serra Leoa. Em 20 de agosto de 2014, 844 mortes foram oficialmente confirmadas como devidas ao vírus. Um surto ocorreu no distrito de Boende (uma região isolada da província de Equateur, na República Democrática do Congo), tendo depois desaparecido. Outro surto (com os primeiros casos registados em março de 2014, sem relação com a outra epidemia) alastrou por toda a África Ocidental, tornando-se, segundo a OMS, em poucos meses, "o maior e mais complexo surto desde que o vírus foi descoberto em 1976. Está a produzir mais casos e mortes do que todos os surtos anteriores juntos. Outra caraterística deste surto é o facto de se estar a propagar de um país para outro, da Guiné à Serra Leoa e à Libéria (atravessando as fronteiras terrestres) e à Nigéria (através de um único passageiro aéreo)".

A epidemia começou em março de 2014 na Guiné (onde causou mais de 2 500 mortes) e rapidamente se propagou à Libéria (4 800 mortes) e à Serra Leoa (3 950 mortes). Vários países vizinhos foram afectados, mas rapidamente controlaram a situação, incluindo o Mali (6 mortos) e a Nigéria (8 mortos).

6.2.5 Profilaxia

* O abate de animais infectados com luvas e máscaras, com supervisão

rigorosa do enterramento ou incineração das carcaças, pode ser necessário para reduzir o risco de transmissão dos animais para os seres humanos. Restringir ou proibir a circulação de animais de explorações infectadas para outras áreas pode reduzir a propagação da doença.

• Os produtos (sangue e carne) devem ser cuidadosamente cozinhados antes de serem consumidos.

• As comunidades afectadas pelo vírus Ébola devem informar a população sobre a natureza da doença e as medidas tomadas para conter o surto, incluindo durante os ritos fúnebres. As pessoas que morreram devido à infeção devem ser enterradas rapidamente e em segurança.

• A imposição de quarentena, a proibição de ir aos hospitais, a suspensão da prática de cuidados aos doentes e dos funerais, a reclusão dos doentes em cabanas separadas, desinfectadas (basta lixívia com intervalos de duas semanas) e por vezes incendiadas após a morte dos seus ocupantes, contribuem para conter as epidemias. No terreno, ainda não há medida mais segura do que usar um filtro de ar.

• A investigação laboratorial deve ser efectuada em instalações de contenção de nível 4 de segurança biológica. Os laboratórios de nível 4 são totalmente autónomos e dispõem de um sistema de ventilação especializado, de uma câmara de ar de entrada e de saída, de armários de proteção biológica de classe III, etc. Os procedimentos de esterilização e de descontaminação são rigorosamente aplicados e o pessoal recebe formação sobre a utilização destas instalações. Os procedimentos de esterilização e de descontaminação são rigorosamente aplicados e o pessoal usa fatos de pressão.

7. Vírus de Marburgo/Marburg

7.1 Vírus de Marburgo

7.1.1 Definição

O vírus de Marburg (MARV) é o agente causador da doença do vírus de Marburg (MVD) nos seres humanos, com uma taxa de letalite que varia entre 23 e 90%.

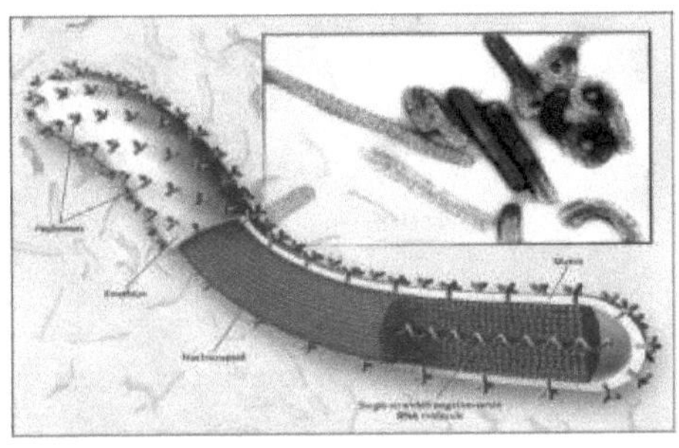

Figura 31: Estrutura do vírus de Marburgo
7.1.2 Estrutura.
A microscopia eletrónica mostra que o **vírus de Marburgo** tem uma **estrutura** filamentosa com uma extremidade em gancho caraterística. O **vírus** é endémico na África equatorial, onde é responsável por surtos epidémicos, até agora localizados, mas com uma mortalidade que varia entre 25 e 80 mortes.
7.1.3 Posição sistemática

Reino Unido	Riboviria
Regne	Orthornavirae
Ramo	Negarnaviricota
Sub-embr.	Haploviricotina
Classe	Monjiviricetes
Encomendar	Mononegavirales
Família	Filoviridae
Tipo	*Vírus de Marburgo* ICTV, 2002

7.1.4 Modo de infeção
Inicialmente, a infeção humana com a MVD resultava da exposição prolongada a morcegos *Rousettus* que habitavam grutas ou minas.

A MVD propaga-se por transmissão entre seres humanos através do contacto direto (através da pele ou das membranas mucosas lesionadas) com o sangue, secreções, órgãos ou outros fluidos corporais de pessoas infectadas e com superfícies e materiais (por exemplo, roupa de cama, vestuário) contaminados com estes fluidos.

Os profissionais de saúde têm sido frequentemente infectados quando tratam doentes com MVD suspeita ou confirmada. Isto tem ocorrido através do contacto próximo com os doentes quando as precauções de controlo da infeção não são rigorosamente aplicadas. A transmissão através de equipamento de injeção contaminado ou de picadas de agulha está associada a uma doença mais grave, a uma deterioração rápida e, possivelmente, a uma taxa de mortalidade mais elevada.

Os rituais fúnebres que envolvem o contacto direto com o corpo do falecido podem também contribuir para a transmissão do Marburgo.

As pessoas que contraíram a doença de Marburgo permanecem infecciosas enquanto o seu sangue contiver o vírus.
7.1.5 Multiplicação
O Marburgo é um vírus envelopado com um genoma de ARN de polaridade negativa que causa febre hemorrágica fulminante em seres humanos e primatas não humanos. Uma única proteína viral, a glicoproteína (GP), é responsável pelo

tropismo e pela fusão da membrana viral com a membrana celular, um mecanismo que é mais complexo do que parece. Durante a infeção, a GP interage com várias proteínas celulares para promover a adesão, a internalização e o transporte da partícula viral para vesículas que contêm proteínas celulares necessárias para a ativação da GP. A GP catalisa a fusão das membranas viral e celular, permitindo que o genoma viral seja entregue no citoplasma da célula e iniciando a replicação do vírus. Nos últimos anos, uma série de descobertas ajudou a melhorar a nossa compreensão de cada uma destas diferentes fases, identificando os factores celulares envolvidos na infeção.

No entanto, o ARN do vírus de Marburgo é uma molécula comparável ao ADN, uma espécie de modelo que utiliza a informação do ADN e a transmite à maquinaria da célula, que por sua vez fabrica as proteínas correspondentes às instruções. O Marburgo e o Ébola são vírus de ARN, que utilizam este mecanismo de síntese para se replicarem.

7.2 Doença do vírus de Marburgo

7.2.1 Definição

A Doença do Vírus de Marburgo (MVM), anteriormente conhecida como Febre Hemorrágica do Vírus de Marburgo, é uma doença grave e frequentemente fatal nos seres humanos. O vírus provoca uma febre hemorrágica viral grave nos seres humanos. A taxa média de mortalidade desta doença é de cerca de 50%.

7.2.2 Distribuição geográfica

[16]Relatório dos serviços epidemiológicos da OMS em 6 países africanos:

* Angola (2005, 329 mortes)
* República Democrática do Congo (1998 a 2000, 128 mortos)
* Quénia (1980, um óbito; 1987, um óbito)
* [17]Uganda (verão de 2007, dois óbitos; outono de 2014, um óbito)
* Etiópia: casos registados em 1984 e 1985, mas censurados pelo governo comunista de Mengistu, que já enfrentava uma enorme fome. Desde então, o número de vítimas permanece desconhecido.
* Gurnee: em 9 de agosto de 2021, foi detectado o primeiro caso na África Ocidental.

7.2.3 : Epidemiologia :

Em 1998, uma epidemia de maiores dimensões afectou 149 pessoas perto de Durba, uma cidade no nordeste da República Democrática do Congo (RDC). Mais de 80% destas pessoas morreram. Antes de 2000, os casos eram raros, ocorrendo quase todos em países da África Oriental e Austral (África do Sul, Quénia, Zimbabué). Em 2005, os surtos no norte de Angola afectaram mais de 252 pessoas, das quais 227 morreram (taxa de mortalidade: cerca de 90%, comparável à das epidemias de Ébola mais graves).

Desde outubro de 2004, a Organização Mundial de Saúde registou mais de 400 casos em Angola. As primeiras vítimas foram as crianças, mas os adultos foram afectados na primavera de 2005. Em 6 de outubro de 2014, o governo do Uganda anunciou um caso de doença pelo vírus de Marburgo. Em 17 de outubro de 2017, o Uganda comunicou à Organização Mundial de Saúde o início de uma epidemia de doença provocada pelo vírus de Marburgo no leste do país. Três pessoas terão morrido. A mortalidade global está estimada entre 23% e 90%.

7.2.4 Diagnóstico

Pode ser difícil, com base nos sintomas clínicos, distinguir a doença do vírus de Marburgo de outras doenças como a malária, a febre tifoide, a shigelose, a cólera e outras febres hemorrágicas virais. Os sintomas causados pela infeção pelo vírus de Marburg são confirmados através dos seguintes métodos de diagnóstico:

* ensaio de imunoabsorção enzimática (ELISA)
* teste de imunocaptura de antigénio
* teste de bloqueio
* PCR com transcriptase reversa (RT-PCR)
* microscopia eletrónica
* isolamento do vírus em cultura celular.

As amostras colhidas de doentes apresentam um risco biológico extremo. Os testes laboratoriais em amostras que não tenham sido inactivadas devem ser realizados em condições de contenção biológica máxima. Todas as amostras biológicas devem ser protegidas em embalagens triplas aquando do seu transporte no país e no estrangeiro.

7.2.5 Tratamento

Atualmente, não existe vacina nem tratamento antirretroviral aprovado para a doença do vírus de Marburgo. No entanto, os cuidados de suporte - reidratação oral ou intravenosa - e o tratamento de certos sintomas específicos melhoram a sobrevivência dos doentes.

Estão a ser desenvolvidos anticorpos monoclonais e os anti-retrovirais, como o Remdesivir e o Favipiravir, que foram utilizados em ensaios clínicos para a doença do vírus Ébola, podem também ser testados para a doença do vírus Marburgo ou ser objeto de uso compassivo ou de acesso alargado.

Em maio de 2020, a Agência Europeia de Medicamentos concedeu uma autorização de introdução no mercado para as vacinas Zabdeno (Ad26.ZEBOV) e Mvabea (MVA- BN-Filo) contra a doença do vírus Ébola. A vacina Mvabea contém um vírus conhecido como *Vaccinia Ankara Bavarian Nordic*, que foi modificado para produzir quatro proteínas da espécie Ebolavirus Zaire e três outros vírus do mesmo grupo (*filoviridae*). É possível que esta vacina possa proporcionar proteção contra a doença do vírus de Marburgo, mas a sua eficácia teórica não foi demonstrada em ensaios clínicos.

7.2.4 Profilaxia

A febre **de Marburgo é** uma doença muito grave, mas pode ser evitada. É essencial usar luvas e outro vestuário de proteção adequado (sobretudo máscara) quando se trabalha em minas ou caves habitadas por colónias de raposas voadoras.

8. Vírus da gripe

8.1 Vírus da gripe

8.1.1 Definição

O vírus da gripe (também conhecido por influenzavírus ou *Myxovirus influenzae*) é um vírus ARN da família *Orthomyxoviridae*. As suas oito moléculas de ARN estão alojadas num capsídeo proteico dentro de um envelope. O vírus da gripe é transmitido por via aérea.

[1]**Os vírus da gripe** são um grupo de quatro espécies de vírus de ARN de cadeia simples de polaridade negativa, cada uma distinguida por um tipo antigénico específico: influenza A, influenza B, influenza C e influenza D . Destes quatro tipos antigénicos, o tipo A é o mais perigoso, o tipo B apresenta menos riscos, mas ainda é suscetível de causar epidemias, e o tipo C está geralmente associado apenas a sintomas ligeiros. O tipo D é menos difundido do que os outros e não é conhecido por causar infecções nos seres humanos. Estes quatro vírus têm um genoma segmentado, oito segmentos para os dois primeiros e sete segmentos para os dois últimos. A composição de aminoácidos dos vírus da gripe C e D é semelhante em 50%, uma taxa semelhante à observada entre os vírus da gripe A e B; por outro lado, a taxa de divergência entre os vírus A e B, por um lado, e os vírus C e D, por outro, é muito mais elevada.

8.1.2 Estrutura.

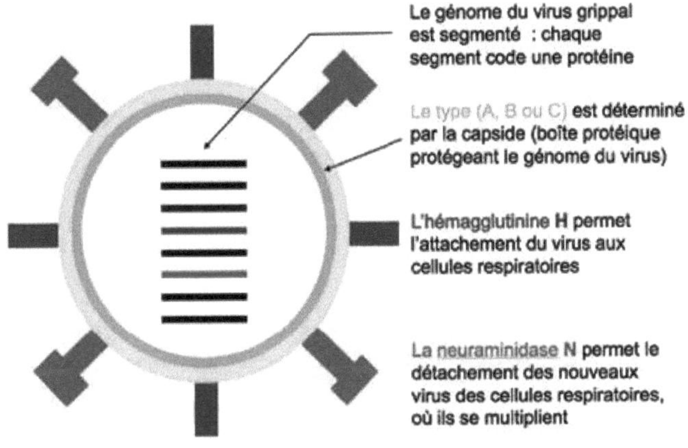

Figura 32: Estrutura do vírus da gripe

A partícula viral contém os 8 ARNs, encapsulados em proteínas virais. O conjunto é rodeado por uma camada de proteínas matriciais e envolvido por uma membrana de tipo celular, formando uma partícula viral com 80 a 120 nanómetros de diâmetro.

A partícula viral é constituída por um invólucro lipídico com espículas formadas por glicoproteínas de superfície. Os vírus A e B têm duas glicoproteínas de superfície: Hemaglutinina (H) e Neuraminidase (N).

A hemaglutinina, que representa cerca de 40% das glicoproteínas de superfície, é formada pela associação de duas subunidades, HA1 e HA2, ligadas por uma ponte dissulfureto. A combinação de três monómeros HA forma uma espícula de hemaglutinina na superfície da partícula viral. A hemaglutinina permite que o vírus se ligue ao ácido siálico terminal das células do epitélio ciliado do trato respiratório: é altamente imunogénica, induzindo a produção de anticorpos, alguns dos quais podem ser neutralizantes. A hemaglutinina favorece igualmente a fusão das membranas virais e celulares durante a fase de penetração do vírus.

8.1.3 Posição sistemática

Tipo de vírus   Vírus

Domaine   Riboviria

Sucursal de Negarnaviricota

Sub-embr. Polyploviricotina

Classe   Insthoviricetes

Ordem   Articulavirales

Família   Orthomyxoviridae

Género : Alphainfluenzavirus

Espécie: **vírus da gripe A**

Género : Betainfluenzavirus

Espécie: **vírus da gripe B**

Género: Gammainfluenzavirus

Espécie: **vírus da gripe C**

Género : Deltainfluenzavirus

Espécie: **vírus da gripe D**

8.1.4 Modo de infeção

Os mamíferos infectados transmitem geralmente a gripe através do ar, tossindo ou espirrando e expelindo aerossóis que contêm o vírus, enquanto as aves infectadas a transmitem através dos seus excrementos. A gripe também pode ser transmitida através da saliva, das secreções nasais, das fezes e do sangue. As infecções ocorrem através do contacto com estes fluidos corporais ou superfícies contaminadas. Fora do seu hospedeiro, os vírus da gripe podem manter-se infecciosos durante cerca de uma semana à temperatura do corpo humano (37°C), durante mais de 30 dias a 0°C e indefinidamente a temperaturas muito baixas - como as dos lagos do nordeste da Sibéria. Podem ser facilmente inactivados por desinfectantes e detergentes.

8.1.5 Multiplicação

Os vírus da gripe, tal como todos os *Orthomyxoviridae*, replicam-se no núcleo da célula, uma caraterística que partilham apenas com os retrovírus. Isto deve-se ao facto de não possuírem a maquinaria enzimática necessária para produzir o seu próprio ARN mensageiro. Utilizam os ARNs celulares como iniciadores para começar a sintetizar o ARN mensageiro viral através de um mecanismo conhecido como captura de capa. Uma vez no núcleo, a proteína RNA polimerase PB2 liga-se à capa da extremidade 5' de um RNA pré-mensageiro celular. A proteína PA cliva este ARN perto da sua extremidade 5' e utiliza este fragmento com tampa como iniciador para transcrever o resto do genoma do ARN viral em ARN mensageiro viral. Este método é necessário para que o ARN mensageiro viral tenha uma capa para que possa ser reconhecido por um ribossoma e traduzido numa proteína.

Como a RNA polimerase dependente de RNA viral não tem função de correção de erros, comete um erro de inserção de nucleótidos aproximadamente a cada 10.000 inserções, o que corresponde aproximadamente ao comprimento do genoma do vírus da gripe. Assim, cada novo virião contém estatisticamente uma mutação no seu genoma.

8.2 Gripe

8.2.1 Definição

A gripe é uma doença infecciosa respiratória aguda altamente contagiosa causada por vírus do género *Influenza*.

Evolui em epidemias, que podem ser mundiais quando o vírus responsável infecta pessoas que nunca o encontraram antes. É o que se chama uma **pandemia**.

A gripe sazonal ocorre entre novembro e abril no hemisfério norte e entre abril e setembro no hemisfério sul. Nos países tropicais, o vírus *da gripe* circula durante todo o ano.

8.2.2 As epidemias do século XIX

Os sintomas da gripe humana foram claramente descritos por Hipócrates há quase 2.400 anos. Lívio descreveu epidemias brutais na Roma antiga, que, em retrospetiva, parecem ser atribuídas à gripe. Desde então, o vírus tem sido responsável por numerosas pandemias. Os dados históricos sobre a gripe são difíceis de interpretar, porque a síndrome gripal também se encontra noutras doenças epidémicas (difteria, peste bubónica, febre tifoide, dengue, tifo, hepatite A). A primeira observação convincente data de 1580, com uma pandemia que começou na Ásia e se espalhou pela Europa e África. Foram registadas mais de oito mil mortes em Roma e várias cidades espanholas foram atingidas. [ee68]As pandemias continuaram a ocorrer esporadicamente ao longo dos séculos XVII e XVIII e, entre 1830 e 1833, registou-se uma pandemia generalizada (pensa-se que um quarto das pessoas expostas à doença foram infectadas). Só na década de 1850 é que o cientista britânico Theophilus Thompson efectuou uma descrição sistemática das epidemias.

8.2.3 Diagnóstico

Estão também disponíveis testes cromatográficos para a deteção qualitativa dos antigénios do vírus da gripe em amostras preparadas a partir de amostras respiratórias. Estes testes podem dar resultados muito rápidos (cerca de 15 minutos), mas tendem a dar resultados falsos negativos, pelo que não podem substituir testes mais avançados. São, no entanto, amplamente utilizados como testes presuntivos para orientar rapidamente o tratamento. Os resultados negativos são sempre confirmados por métodos mais sensíveis e específicos, como a PCR.

Cada vez mais laboratórios utilizam também técnicas de biologia molecular: extração do ARN viral da amostra, seguida de RT-PCR de ponto final ou de RT-PCR quantitativa. Estas técnicas permitem um diagnóstico bastante rápido (menos de duas horas para a extração seguida de RT-PCR quantitativa) e fiável, que tem também a vantagem de permitir uma primeira tipagem. A RT-PCR pode então ser completada pela sequenciação do genoma viral, essencialmente para fins epidemiológicos.

8.2.4 Tratamento e profilaxia

Estão disponíveis vacinas e medicamentos para a profilaxia e o tratamento das infecções pelo vírus da gripe. As vacinas são constituídas por viriões inactivos ou atenuados dos subtipos H1N1 ou H3N2 do vírus da gripe humana A, bem como por variantes do vírus da gripe B. Como a antigenicidade dos vírus selvagens está em constante evolução, as vacinas são reformuladas todos os anos utilizando novas estirpes. No entanto, quando a antigenicidade dos vírus selvagens não corresponde à das estirpes utilizadas para produzir estas vacinas, estas últimas não protegem contra estes vírus e, quando as antigenicidades coincidem, podem também surgir mutantes que escapam à cobertura antigénica das vacinas.

Entre os medicamentos disponíveis para o tratamento da gripe humana, a amantadina e a rimantadina inibem a libertação de viriões das células infectadas interferindo com a proteína da matriz M2, enquanto o oseltamivir (comercializado sob a marca *Tamiflu*), o zanamivir e o peramivir inibem a libertação de viriões interferindo com a neuraminidase; o peramivir tende a gerar menos mutantes do que o zanamivir.

9. Vírus do sarampo

9.1 Vírus do sarampo

9.1.1 Definição

O *vírus* **do sarampo** (também conhecido por MV) é um vírus pertencente ao género *morbilivírus da* família *Paramyxovirus.* É um vírus altamente contagioso que pode causar problemas graves, ou mesmo fatais, como a encefalite. Não se sabe tudo sobre ele, nomeadamente os receptores celulares que tem como alvo. É importante continuar a investigação para encontrar melhores vacinas contra este vírus.

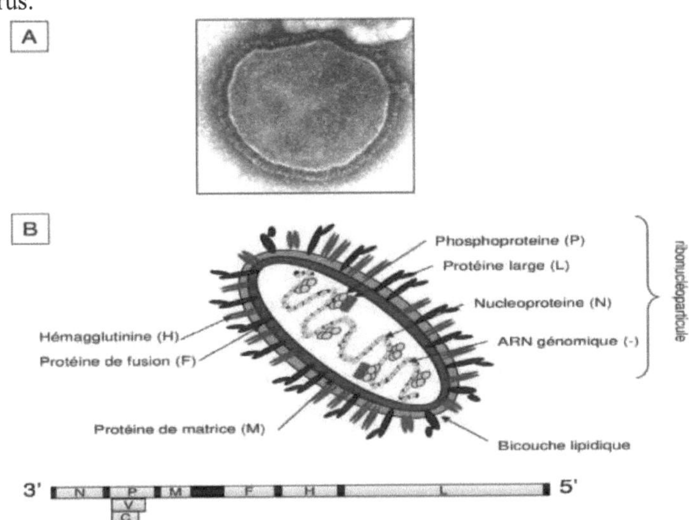

Figura 33: Estrutura do vírus do sarampo

9.1.2 Estrutura.

O MV é um vírus com um envelope constituído por uma dupla camada de lípidos que envolve um nucleocapsídeo helicoidalmente simétrico. O seu diâmetro varia entre 120 e 300 nm. O seu genoma é uma cadeia não segmentada de ARN negativo composta por 15.894 nucleótidos que formam 6 genes que codificam pelo menos 8 proteínas diferentes. Um único promotor está presente no genoma e está localizado na extremidade 3'. Tem 56 nucleótidos de comprimento. Na outra extremidade está o terminador, com 40 nucleótidos de comprimento. Cada gene é separado do seguinte por 3 nucleótidos que não são transcritos durante a transcrição (Figura 33).

[3]O vírus tem seis genes: F, H, L, M, N e P:

- M: matriz
- N: nucleocápside
- P: fosfolípido
- L: largo
- H: hemaglutinina
- F: fusão

9.1.3 Posição sistemática

Tipo   Vírus
Domínio Riboviria
      Negarnaviricota

Ramo

o nosso ramo. Haploviricotina
Classe   Monjiviricetes
Encomendar Mononegavirales
Família   Paramixoviridae
Subfamília Orthoparamyxovirinae
Tipo   Morbilivírus
Espécie de ***morbilivírus do sarampo*** **ICTV**

9.1.4 Modo de infeção

O vírus do sarampo transmite-se diretamente através do ar (gotículas de saliva transportadas pelo ar). Também pode ser transmitido por contacto direto com secreções do nariz ou da garganta de pessoas infectadas. O vírus assim libertado permanece perigoso durante pelo menos trinta minutos e até quase duas horas, num ambiente fechado (como um consultório médico), ou em objectos e superfícies.

O vírus começa a propagar-se dois a seis dias antes do aparecimento da erupção cutânea. O vírus instala-se no organismo durante o período de incubação. O vírus está presente nas secreções respiratórias desde o final do período de incubação até ao quinto dia após a erupção cutânea. O risco de transmissão diminui a partir do segundo dia após a erupção.

[e]Desde o século XIX que se sabe que esta doença é "altamente contagiosa". O período de contágio começa cinco dias antes e prolonga-se até cinco dias após o surto. A taxa de reprodução do sarampo (cálculo do número médio de indivíduos que uma pessoa infetada pode contagiar enquanto for contagiosa) numa população não imunizada é estimada entre 12 e 18, o que a torna uma das doenças mais contagiosas.

8.1.5 Multiplicação

A VM entra no organismo através do sistema respiratório. Começa por se replicar nas células imunitárias (macrófagos alveolares e células dendríticas) que residem na mucosa respiratória. Estas células infectadas deslocam-se depois para os gânglios linfáticos, onde transmitem o vírus aos linfócitos e monócitos presentes. A infeção espalha-se então para os órgãos linfóides secundários. Nas fases finais da infeção, um grande número de células imunitárias infectadas circula no corpo e transmite o vírus às células epiteliais do trato respiratório.

9.2 Sarampo

9.2.1 Definição

O sarampo (por vezes também designado por **primeira doença**) é uma infeção viral eruptiva aguda que afecta principalmente crianças de 5-6 meses e jovens adultos. Não é benigna e pode levar a complicações em qualquer idade. É altamente contagiosa, através do ar: ao tossir, do contacto próximo com pessoas infectadas ou através de objectos contaminados com secreções do nariz ou da garganta (chupetas, brinquedos ou lenços).

9.2.2 Diagnóstico

Diagnóstico positivo: É essencialmente clínico. Baseia-se na noção de contágio (casos já conhecidos na comitiva), na ausência ou insuficiência de vacinação, na presença de catarro e do sinal de Koplik e nas características do exantema (que começa ao nível da cabeça e desce num único rebento).

Em casos duvidosos, a serologia pode confirmar o diagnóstico através da presença de anticorpos IgM específicos que aparecem durante a erupção. Uma serologia negativa nos primeiros três dias de erupção não exclui o diagnóstico. Estes anticorpos IgM específicos podem ser encontrados na saliva entre a primeira e a sexta semana após o início da doença.

A presença de imunoglobulina G específica ajuda no diagnóstico quando duas amostras colhidas com 10 dias de intervalo (entre a fase aguda e a convalescença) mostram um aumento significativo (quadruplicação); caso contrário, a sua simples presença indica apenas que a pessoa já esteve em contacto com o vírus causador da doença (quer através de uma infeção anterior ou de vacinação).

[e]As técnicas de PCR podem confirmar o diagnóstico através da colheita de amostras de secreções óculo-respiratórias, sangue e saliva até 5 dias após o início da erupção. O vírus pode ser isolado e caracterizado geneticamente, permitindo a identificação da estirpe responsável para fins epidemiológicos.

Diagnóstico diferencial: O primeiro diagnóstico é o dos exantemas morbiliformes: o sarampo deve ser distinguido do sarampo, do megaleritema epidémico, da mononucleose infecciosa, das infecções por enterovírus e adenovírus, etc. Depois, há outros eritemas: roséola infantil, escarlatina, Kawasaki ou uma erupção de origem medicinal.

9.2.3 Tratamento

Trata-se de uma doença altamente contagiosa e o médico deve avisar imediatamente as autoridades sanitárias para que possam ser tomadas medidas. O sarampo dura normalmente cerca de dez dias e depois desaparece por si só. A pessoa fica então imune ao vírus do sarampo para o resto da vida. Como se trata de uma doença viral, os antibióticos não são indicados e a febre, que pode ser muito elevada, deve ser vigiada.

9.2.4 Profilaxia

A melhor forma de prevenção continua a ser a vacinação. É o que as autoridades sanitárias nos recordam regularmente quando se regista um aumento da doença. São necessárias duas injecções para proteger a criança: a primeira aos 12 meses e a segunda entre os 16 e os 18 meses. Se o calendário de vacinação da criança não estiver atualizado, é possível uma vacinação de recuperação.

As vacinas utilizadas contra o sarampo são vacinas de vírus vivos atenuados cuja virulência é reduzida pelo aparecimento de mutações que inactivam os genes de virulência.

Antes de 1963, o mundo era assolado por vagas de epidemias de sarampo que matavam uma média de 2,6 milhões de pessoas por ano. A descoberta de uma vacina em 1963 significa que esta doença pode agora ser prevenida, com a esperança de um dia ser erradicada (a OMS acredita que isso é possível). De acordo com uma estimativa da OMS, a distribuição generalizada da vacina evitou 20,4 milhões de mortes entre 2000 e 2016.

Em termos de prevenção, a vacinação contra o sarampo é obrigatória para todas as crianças: uma primeira dose da vacina contra o sarampo aos 12 meses de idade (ou 9 meses se viver numa comunidade). A vacina obrigatória, denominada "MMR", protege igualmente contra duas outras doenças, o sarampo e a papeira (é a chamada vacina trivalente). Uma segunda dose desta vacina deve ser administrada em França entre os 13 e os 24 meses de idade (ou entre os 12 e os 15 meses, se viver num grupo). Esta segunda dose não é um reforço, uma vez que a imunidade obtida após a primeira dose é de longa duração. Trata-se de uma dose de recuperação para as crianças que não tenham sido seroconvertidas contra o sarampo, a papeira ou a rubéola após a primeira injeção. Uma única dose de vacinação produz imunidade em 90-95% das pessoas, enquanto duas doses produzem imunidade em mais de 98% das pessoas vacinadas.

A duração da imunidade é bastante superior a várias décadas, e provavelmente mais longa, uma vez que o cálculo se baseia na medição da persistência de imunoglobulinas específicas.

A vacina é geralmente bem tolerada, com menos de 5% de febre e alguns casos de erupção cutânea. Podem registar-se casos raros de diminuição transitória do número de plaquetas sanguíneas.

9.2.5 Impacto da vacinação (1980-2000)

Considerado uma doença benigna em pessoas saudáveis nos países desenvolvidos, o sarampo é, de facto, uma doença muito grave em crianças subnutridas ou que vivem em más condições de higiene: em 1980, morreram 2 600 000 pessoas em todo o mundo devido a esta doença.

Países em desenvolvimento*:* Em 1988, a OMS estimou que o programa de vacinação tinha evitado 700 000 mortes por sarampo nos países em desenvolvimento em 1987. Em 1997, em África, o número de casos e de mortes diminuiu 40% (1990-1997).

No entanto, continuam a registar-se muitos casos de sarampo, tanto entre as crianças com menos de nove meses de idade como devido a uma cobertura vacinal insuficiente, com imunidade não adquirida após uma única dose em 5% dos casos. A África continua a ser a região com a incidência mais elevada de sarampo (47,5 casos por 100 000 habitantes por ano) e a cobertura vacinal mais baixa (57% das crianças com menos de cinco anos não estão vacinadas contra o sarampo).

Países desenvolvidos : A Finlândia foi o primeiro país a eliminar o sarampo em 1993 (confirmado em 1996), com vacinação em duas doses desde 1982 e uma cobertura vacinal de 96% desde 1991. A comparação dos resultados com os países que apenas introduziram uma dose única de vacinação (quer aos 2 anos de idade, quer por volta dos 5-6 anos, quer por volta dos 11 anos, consoante o país) levou à introdução de uma segunda dose nestes países.

Estados Unidos: Nos Estados Unidos e em vários países da América Latina, a vacinação é obrigatória antes de as crianças irem para a escola. Em alguns estados, são possíveis isenções por motivos religiosos ou filosóficos. A vacinação contra o sarampo generalizou-se a partir de 1978. O número total de casos diminuiu 90%, mas as epidemias persistiram devido a crianças não vacinadas em idade pré-escolar e a falhas de vacinação (5% das vacinas de dose única).

Em 1989-1991, registou-se um ressurgimento do sarampo: os Estados Unidos notificaram 55 000 casos e 123 mortes. Adoptaram então uma estratégia de duas doses, também dirigida às crianças em idade pré-escolar (uma dose aos 2 anos, uma segunda por volta dos 56 anos). Em 1994, foram registados 958 casos de sarampo e a transmissão autóctone do vírus foi interrompida nos anos seguintes.

França: Em França, a vacinação contra o sarampo foi incluída no calendário de vacinação em 1983 e é obrigatória desde 2018. A primeira dose da vacina é recomendada aos um ano de idade e a vacinação deve ser concluída antes dos dezoito meses. A cobertura vacinal tem vindo a aumentar de forma constante, tendo os casos de sarampo diminuído de quase 400 000 em 1987 para 44 000 em 1993. No entanto, a cobertura vacinal estagnou em 80% na década de 1990, com disparidades entre departamentos, e o vírus continua a circular.

À medida que a cobertura da vacinação aumentou, registou-se uma mudança para uma idade mais precoce, com o sarampo a ocorrer com relativa maior frequência em adolescentes e jovens adultos. Estas alterações levaram a modificações na estratégia de vacinação, incluindo a mudança para duas doses.

O trabalho de modelização demonstrou que um nível sub-ótimo de cobertura da vacinação contra o sarampo é conducente a futuros surtos, confirmando a necessidade de uma estratégia de vacinação em duas doses, com o objetivo de atingir uma cobertura vacinal de pelo menos 95%. Assim, em 1996, foi introduzida em França uma segunda dose da vacina tripla (sarampo-caxumba-rubéola), que passou a ser comparticipada a 100% pelo sistema de segurança social em 1999.

Em 2000, em comparação com o final da década de 1980, o número de casos e mortes por sarampo em França foi reduzido em mais de 90%: de cerca de 200 000 para 10 000 casos e de 30 mortes para menos de 3.

III PARTE

CAPÍTULO III: MÉTODOS DE DIAGNÓSTICO LABORATORIAL DAS INFECÇÕES VIRAIS

1. Introdução :

A realização de um diagnóstico comporta quatro etapas. O problema: escolha de uma questão central, clarificação dos conceitos, proposta de hipóteses de análise da situação, proposta de hipóteses de ação para resolver um problema ou desenvolver um potencial.

As doenças virais são diagnosticadas por exame clínico, testes biológicos, imagiologia médica, biópsias, punção lombar, no caso de infecções que ocorrem durante epidemias, a presença de casos semelhantes e, para certas infecções, análises de sangue e culturas.

A escolha entre o diagnóstico direto (deteção de um componente viral) e o diagnóstico indireto (deteção de anticorpos dirigidos contra o vírus) depende do vírus que está a ser testado e da questão médica que se coloca.

Nos animais e nos seres humanos, os anticorpos indicam um contacto recente ou passado com um determinado antigénio. Os anticorpos reconhecem um determinado antigénio e são, portanto, específicos de um determinado vírus. Os anticorpos são geralmente testados no soro, daí o nome teste serológico.

Quando o vírus é cultivável, a deteção direta pode ser utilizada para acelerar o diagnóstico e obter uma deteção mais rápida. As técnicas utilizadas para a deteção direta de antigénios são as mesmas que as utilizadas para a deteção de anticorpos, que já foram descritas.

A hemocultura é o teste mais comum utilizado para diagnosticar uma infeção. Implica a colheita de sangue do doente e o envio da amostra de sangue para o laboratório. Podem ser efectuados testes adicionais, dependendo dos sinais e sintomas do doente.

O ELISA (Enzyme-linked immunosorbent assay) é um método utilizado para detetar quantitativamente um antigénio numa amostra. Existem quatro tipos principais de ELISA: direto, indireto, competitivo e em sanduíche. Cada tipo é descrito a seguir com um diagrama que ilustra o fagão em que os analitos e os anticorpos são ligados e utilizados.

O princípio da deteção rápida de anticorpos por imunocromatografia em tira é idêntico. No entanto, enquanto os testes de deteção de antigénios não requerem qualquer processamento prévio da amostra, os testes de deteção de anticorpos requerem a centrifugação prévia dos tubos de sangue.

A PCR em tempo real é um método preciso, rápido e económico. Este método permite a deteção específica e sensível de ADN e ARN e a diferenciação de numerosas bactérias, vírus e parasitas em várias matrizes (sangue, fezes, amostras, etc.).

2. Objectivos de deteção de vírus

Nem todas as infecções virais requerem intervenção laboratorial.

Se o contexto clínico ou a gravidade dos sintomas o justificarem, o diagnóstico virológico utiliza métodos indirectos ou directos. Entre estes últimos, o diagnóstico molecular está a desempenhar um papel cada vez mais importante.

Estrutura do vírus detectada	Método	Aplicações actuais
Diagnóstico indireto		
Anticorpos anti-virais	Serologias virais	Todos os vírus
Diagnóstico direto		
Partículas virais completas	Cultura viral	HHV, VZV, Enterovírus
Proteínas virais	Diagnóstico direto rápido	Rotavírus, adenovírus, RSV, influenza, vírus da parainfluenza, HHV, VZV, CMV
Ácidos nucleicos virais	Biologia molecular (PCR)	vírus neurotrópicos (HHV-1...) VIH, VHC, VHB

3. Diagnóstico indireto: serologias virais

Para diagnosticar uma infeção em curso, é importante analisar **duas amostras consecutivas colhidas** com 10-15 dias de intervalo, para observar uma alteração significativa nos níveis de anticorpos. A presença de anticorpos IgM indica mais frequentemente uma infeção recente; os anticorpos IgG persistem durante muito tempo.

Quando uma pessoa é serologicamente positiva para o VIH e o VHC pela primeira vez, é legalmente obrigatório verificar este resultado numa segunda amostra (serologia e western blot).

4. 1. Amostragem :

- Soro, sobretudo, transportado para o laboratório à **temperatura ambiente**.
- Outros fluidos biológicos: líquido cefalorraquidiano (LCR), líquido amniótico, líquido pleural, líquido de lavagem broncoalveolar (BALF), etc.

Nestes casos, é frequentemente necessária uma adaptação "caseira" da técnica serológica, o que não é satisfatório do ponto de vista da garantia de qualidade.

Amostras de sangue colhidas em tubos secos e em tubos de gelose para serologia: o sangue é centrifugado e são utilizadas alíquotas de soro para efetuar as serologias prescritas.

Figura 34: Amostras de sangue

3.2. Técnicas:
* Métodos ELISA (Enzyme Linked Immunosorbent Assay) mais utilizados
* Outras reacções serológicas mais "tradicionais", como a reação de fixação do complemento
* Testes rápidos (sensibilidade variável, cuidado!)
* Testes de confirmação do VIH (western blot) e HVC (immunoblot): as diferentes proteínas do vírus estão presentes, separadamente, na membrana utilizada como suporte de reação. Estes testes permitem determinar contra que proteínas virais os anticorpos estão dirigidos.

3.3. Princípio da reação ELISA (Enzyme Linked Immunosorbent Assay) :
- Formação de um complexo antigénio-anticorpo
- O soro deve conter os anticorpos procurados
- Antigénio (reagente comercial) adsorvido num **suporte de plástico** (placa de 96 poços)

- Deteção do complexo antigénio-anticorpo por fixação de um anticorpo de imunoglobulina anti-humana de marca (reagente comercial)
- por uma enzima (método de imunoabsorção enzimática)
- por uma molécula fluorescente (imuno-fluorescência)

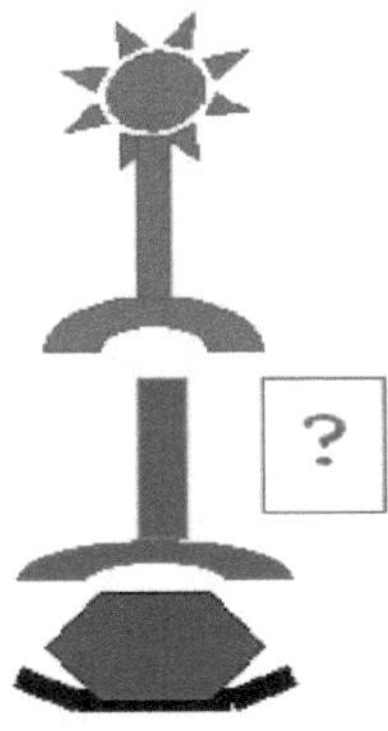

Figura 35: Princípio do ensaio de imunoabsorção enzimática (ELISA)

Aparelho de distribuição de soros e de gestão dos métodos ELISA: os soros são reconhecidos através da leitura de um código de barras, depois a sua distribuição e a reação ELISA são efectuadas automaticamente, em ligação com o sistema informático do laboratório. Os resultados são "validados" e interpretados individualmente pelo técnico e depois pelo biólogo, em função dos valores dos vários controlos e das informações clínicas.

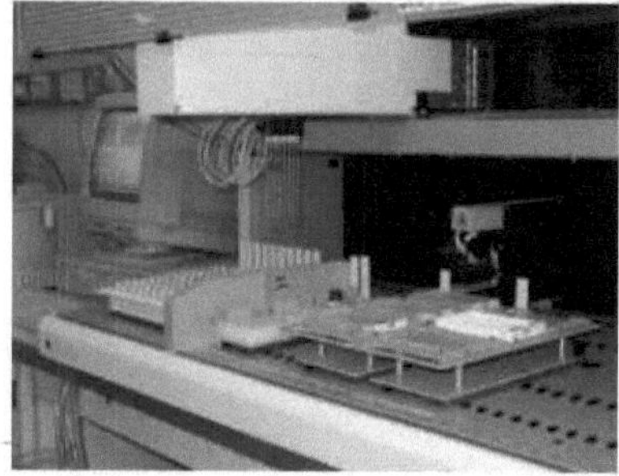

Figuras 36 e 37: Equipamento para distribuição de soro e gestão de métodos ELISA

Aspeto **de uma placa de reação ELISA** no final do procedimento: os alvéolos fortemente coloridos correspondem a soros positivos para a reação ELISA. As densidades ópticas são lidas automaticamente num espetrofotómetro.

Aspeto de uma placa de reação de fixação do complemento no final do procedimento: nos alvéolos positivos, os glóbulos vermelhos estão aglutinados e formam um precipitado no fundo do alvéolo.

Teste rápido de serologia do VIH-1 e -2: este tipo de teste é particularmente útil em caso de acidente de exposição ao sangue. Se o soro do doente fonte for positivo, é iniciado um tratamento antirretroviral.

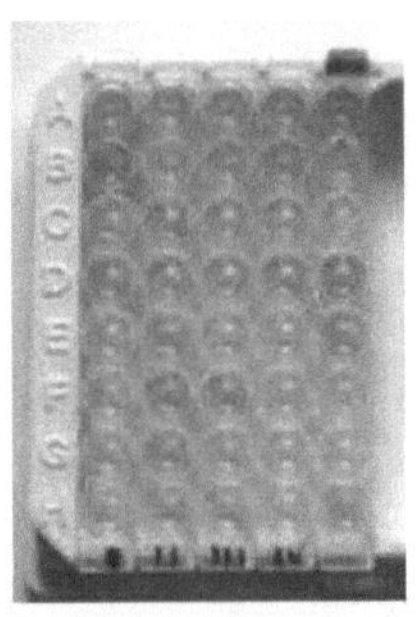

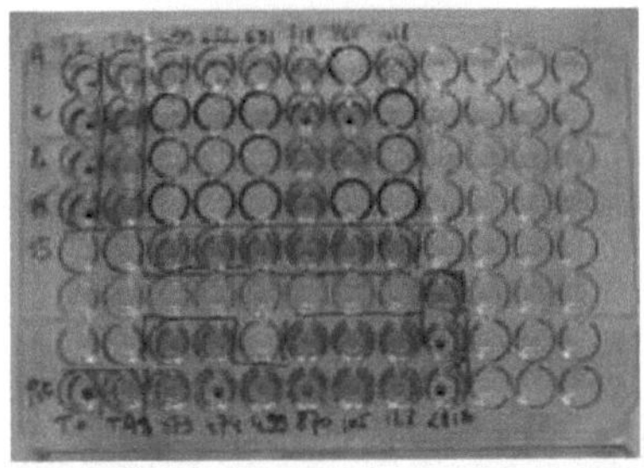

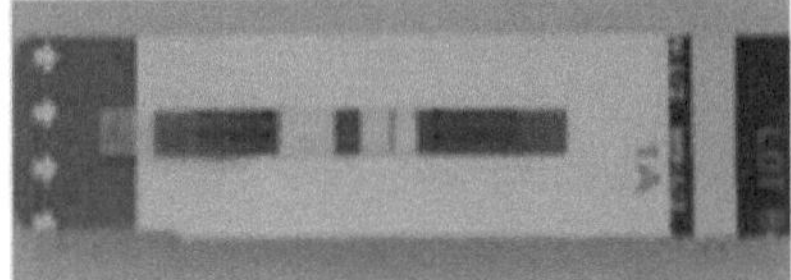

Figuras 38-40: Placas ELISA e serologia do VIH

muito rapidamente em doentes expostos

Tiras de Western blot no final da reação: aparece uma banda colorida quando o soro testado contém anticorpos que reconhecem o antigénio adsorvido neste ponto da tira.

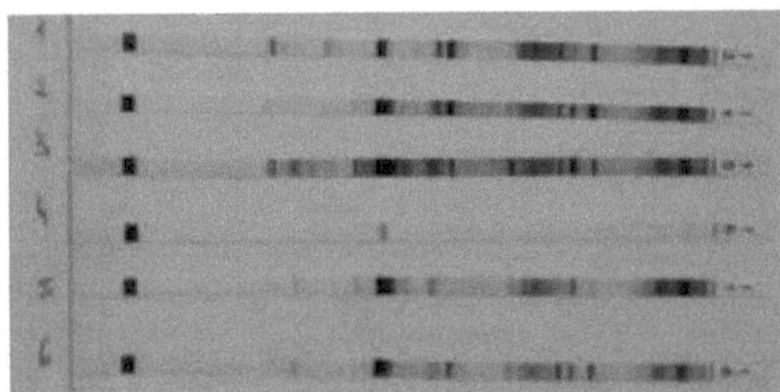

Figura 41: Tira de **Western blot no final da reação**

- Indicação: Prova de contacto mais ou menos recente com um vírus.
- Vantagens :
- Automatização
- Prazo para obtenção dos resultados: no mesmo dia (4 horas) ou no dia seguinte

- Boa sensibilidade, excelente especificidade (ELISA)

- Limites :

- Menor sensibilidade em determinados doentes: bebés e pessoas imunocomprometidas.

- Por vezes, é difícil de interpretar. Exemplo: para todos os herpesvírus (HHV, CMV, EBV...), a IgM pode ou não estar presente durante a reativação.

- Custos indicativos :

- Serologia de HHV IgG e IgM: B70 + B70

- Serologia HVC: B70

- Serologia do VIH (2 métodos ELISA): B70

- Western blot do VIH: B180

4. Diagnóstico direto

4.1.Coleção :

A qualidade da amostra determina o resultado. Existem três situações:

- Amostras que não necessitam de um meio de transporte: trazer a amostra para o laboratório

- num tubo seco e estéril: **fezes, urina, LCR, várias amostras líquidas**

- num tubo com 1 EDTA: sangue total para separação laboratorial de células mononucleares do sangue (pesquisa de CMV, EBV, VIH, etc.)

- Amostras colhidas com uma zaragatoa estéril imersa num meio de transporte fornecido pelo laboratório: **garganta, vesículas, conjuntiva**

Em ambos os casos, **enviar para o laboratório no prazo de 4 horas** (para preservar a antigenicidade, a infecciosidade ou a qualidade dos ácidos nucleicos), - **a 4°C**, envolvendo o tubo de amostra num saco de lâminas (para evitar a proliferação bacteriana) - casos especiais :

- **sangue total à temperatura ambiente**

- **para testes de biologia molecular: tubo EDTA+ + +** (sem heparina, inibidor de PCR)

- Esfregaço em lâmina (a zaragatoa é colocada na lâmina de vidro pelo amostrador): **transporte seco, à temperatura ambiente**

Exemplos de amostras: líquido cefalorraquidiano, líquido de lavagem broncoalveolar, fezes, uma zaragatoa estéril e um meio de transporte líquido.

4.2.Métodos de diagnóstico "rápidos" e directos

Estes métodos produzem resultados em apenas algumas horas.

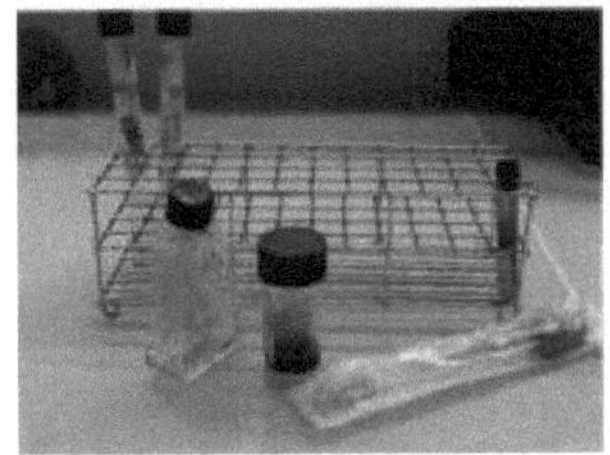
Figura 42: Amostras de LCR

- Técnicas:

• **Imunomarcação específica de um vírus, numa lâmina de vidro**, em 1 ou mais "pontos" (com um anticorpo dirigido contra uma proteína viral), utilizando uma zaragatoa ou células mononucleares do sangue isoladas no laboratório. **Especificar o vírus a testar**: só é possível uma imunomarcação por "spot".

• Outras possibilidades: **aglutinação de partículas de látex sensibilizadas, Método do tipo ELISA** para a deteção automatizada de antigénios, kits de ensaio rápido de imunoabsorção enzimática...

• Indicações:

Para permitir um tratamento específico e rápido dos doentes em determinadas circunstâncias:

• pré-parto (HHV),

• Infecções respiratórias (gripe, vírus sincicial respiratório, vírus, etc.) Parainfluenza, Adenovírus),

• Diarreia infantil (rotavírus, adenovírus),

• pesquisa de infeção subclínica por CMV num doente imunocomprometido (antigenemia pp65).

Teste de aglutinação para Rotavírus nas fezes: as fezes, suspensas num tampão, são expostas a partículas de látex "sensibilizadas" ao antigénio viral. O resultado é negativo no caso ilustrado. Se assim não fosse, medidas rigorosas de higiene poderiam limitar a propagação da epidemia de gastroenterite entre os bebés hospitalizados.

Imunofluorescência específica para HHV num esfregaço vaginal: as células infectadas apresentam uma fluorescência verde-amarelada. Será proposto à doente um parto por cesariana.

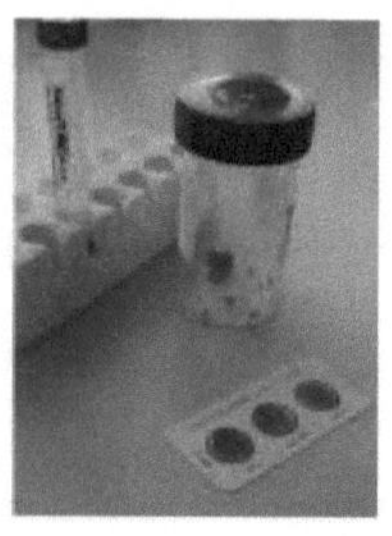

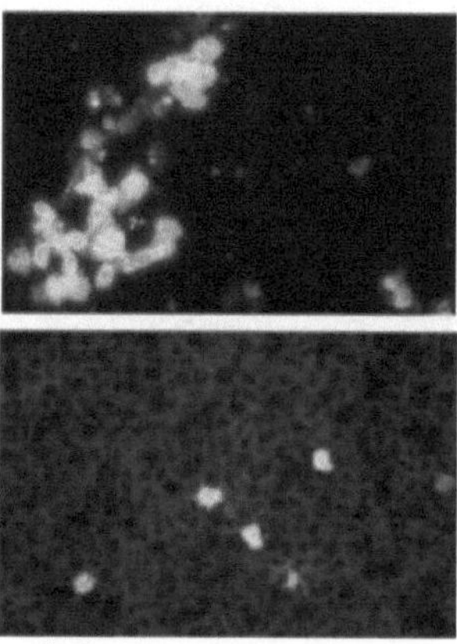

Figuras 43-45: Teste de aglutinação e imunofluorescência específica do HHV e CMV

Antigénio pp65 do CMV positivo: *os leucócitos marcados pelo anticorpo (fluorescência amarelo-verde) contêm a fosfoproteína de 65kD do CMV. O doente transplantado renal beneficiará do tratamento contra o CMV, mesmo que não tenha o anticorpo.*

ainda não apresenta sinais clínicos (tratamento preventivo).

- Vantagem :

rapidez dos resultados: 20 minutos a 4 horas

- Limites :

- Falta de sensibilidade + + + +. Um resultado negativo não exclui o diagnóstico.

- Imunofluorescência: a leitura ao microscópio depende da experiência do observador.

4.3. Métodos de diagnóstico por cultura direta

Os vírus são parasitas obrigatórios das células: são cultivados em células eucarióticas mantidas em laboratório, sob a forma das chamadas linhas contínuas ou semi-contínuas.

- As diferentes fases do diagnóstico por cultura viral

1. **Inoculação de** uma linha celular com a amostra patológica.
2. Exame direto diário: **procura diária de um efeito citopático** (ECP) utilizando um microscópio de luz invertido.
3. Se ECP: **coloração das células**, descascadas e espalhadas numa lâmina, para detetar inclusões virais e alterações citoplasmáticas ou nucleares, utilizando um microscópio de luz.
4. **Imunomarcação específica do** vírus na lâmina, com leitura por microscopia de luz ou de fluorescência.

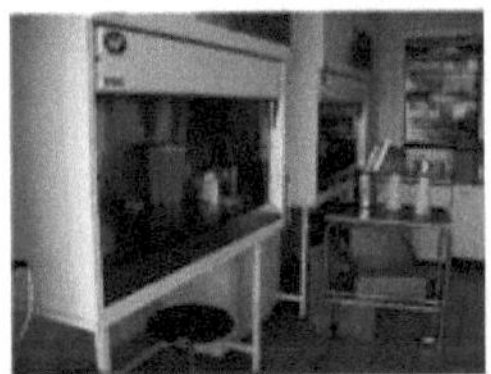

Estação de trabalho para culturas virais: exaustor de fluxo laminar, equipamento descartável e esterilizado.

Observação de culturas celulares (tubos, placas de plástico com vários poços e frascos) utilizando um microscópio ótico invertido

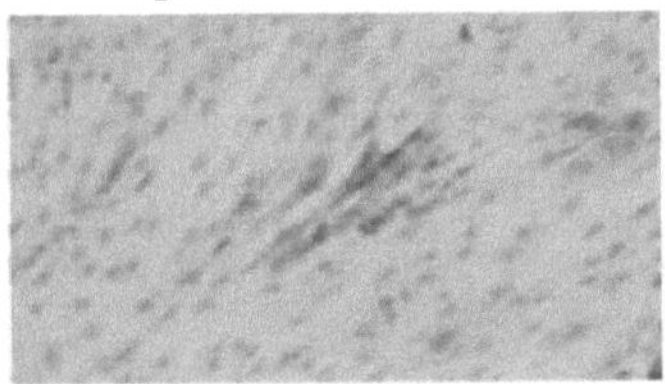

Efeito citopático sugestivo de infeção por HHV em culturas de células MRC5 (fibroblastos embrionários humanos)

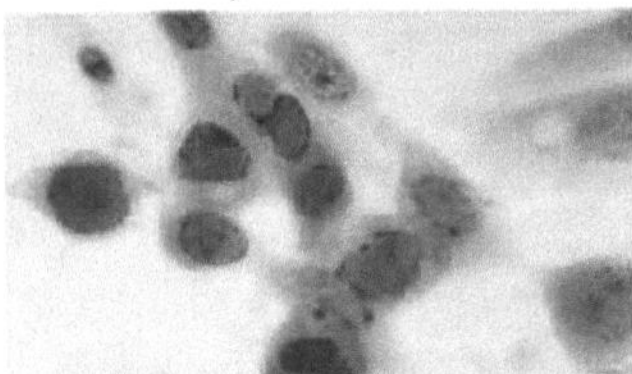

Coloração de células mostrando as características deste ECP:

desaparecimento dos nucléolos, rutura da cromatina nos bordos da membrana nuclear, inclusões nucleares fortemente coloridas.

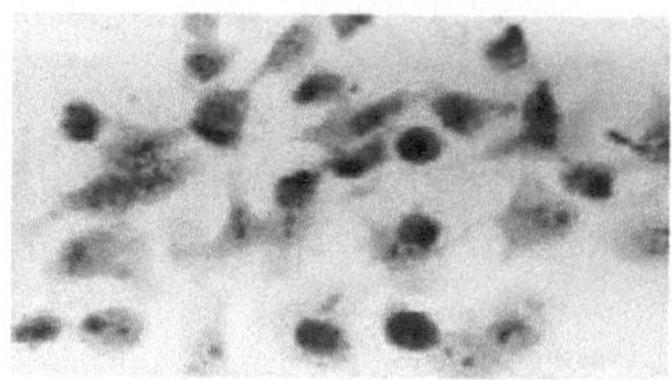

Em comparação, ECP caraterística de uma cultura de enterovírus: *inclusões intra-citoplasmáticas e um núcleo hiperdenso que cresce na periferia da célula.*
Figuras 46-50: Estações de trabalho, efeito citopático e coloração

- Indicações:
* Isolamento de um vírus a partir de uma amostra biológica.
* Prova o carácter infecioso do vírus.
* Para caraterizar o fenótipo de uma estirpe viral (resistência aos antivíricos, por exemplo).

- Vantagens :
* Boa sensibilidade + + + +. A cultura continua a ser a referência com a qual todos os novos métodos são comparados.
* É essencial para a disponibilidade de estirpes utilizadas, por exemplo, no desenvolvimento de vacinas (por exemplo, a vacina contra a gripe todos os anos).
* Custo razoável.

- Limites :
* Prazo de entrega habitual dos resultados: 48 horas a 10 dias.
* Subjetividade da leitura: a experiência do observador +++.
* A cultura é praticada em poucos laboratórios da cidade.
* Alguns vírus não podem ser cultivados fora dos laboratórios de investigação altamente especializados.

- Custo :
* Cultura de HHV em esfregaço genital: B150
* cultura de enterovírus nas fezes: B150

4.4. Diagnóstico molecular direto
Em termos simples, três métodos principais dominam a rotina: hibridação molecular e suas variantes (hibridação com amplificação de sinal ou bDNA, hibridação em busca de mutações no genoma viral), amplificação de genes ou PCR e sequenciação de nucleótidos.
As aplicações quantitativas estão a tornar-se comuns

- **Técnicas**:

Hibridação: Deteção direta de ADN ou ARN em vários suportes (tubos, placas, membranas, etc.).

Princípio da hibridação molecular :

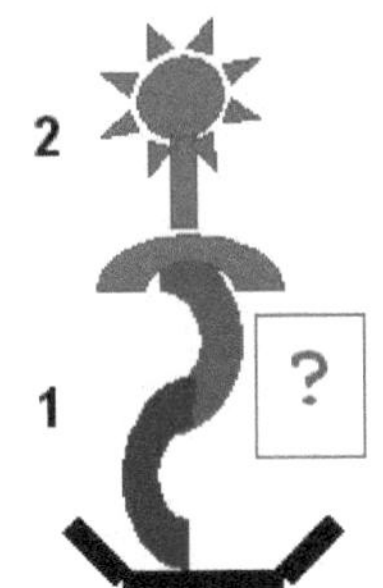

Figura 51: Hibridação

1   - Formação híbrida
ácido nucleico viral da amostra (ADN ou ARN)/sonda específica do genoma viral procurado, em diferentes **suportes**: membrana, microplaca, tubo .

2   - Imunodetecção enzimática de
o híbrido molecular :
por anticorpos anti-ácido nucleico duplo
ou marcação a frio da sonda .
seguida de deteção colorimétrica, fluorescente ou quimioluminescente.

4.4.1. Hibridação com amplificação de sinal
- Princípio do ramo do ADN :
O ácido nucleico viral (amostra) é
- adsorvidos num suporte utilizando sondas de captura, depois
- detectados por sondas ramificadas nas quais
- hibridizar sondas de revelação.

As moléculas luminescentes estão presentes nas sondas de deteção; o sinal luminescente é proporcional ao número de moléculas de ácido nucleico viral adsorvidas.

A utilização simultânea de numerosas sondas ramificadas, complementares a diferentes regiões do genoma viral alvo, permite a deteção de vírus geneticamente muito variáveis (VIH, VHC). O grande número de moléculas luminescentes envolvidas significa que o limiar de deteção pode ser reduzido, sem qualquer risco de contaminação (ao contrário da PCR, não há amplificação do ácido nucleico).

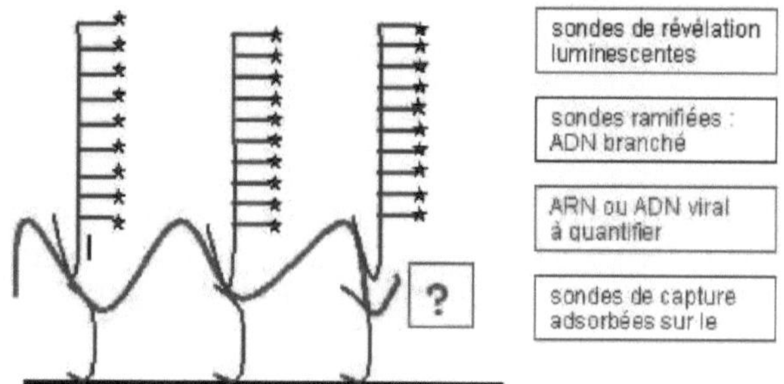

Figura 52: Hibridação com amplificação

Aplicações comuns : ARN HIV-1 , ARN HVC, ADN HVB

4.4.2. Hibridação em membranas e chips

- Princípio dos diferentes métodos:

1- hibridação com sondas moleculares fixadas num suporte e específicas de um vírus de tipo selvagem ou de um vírus mutante, depois

2- deteção imuno-enzimática.

As sondas estão presentes em tiras, à semelhança dos antigénios fixados em tiras de immunoblot (por exemplo, genotipagem HVC, mutações HVB).

Os "microarrays" permitirão igualmente a deteção de ácidos nucleicos virais mutantes. Um grande número de sondas é adsorvido em suportes de sílica, representando uma espécie de combinação de técnicas informáticas e moleculares. Em breve estará disponível uma aplicação para a deteção de mutações do VIH associadas à resistência aos medicamentos anti-retrovirais.

Genotipagem do CVH por hibridação em membrana após PCR: as bandas são interpretadas utilizando um modelo fornecido pelo fabricante. Neste caso, o doente é portador do genótipo 1 CVH, subtipo b, que é mais resistente ao tratamento anti-CVH.

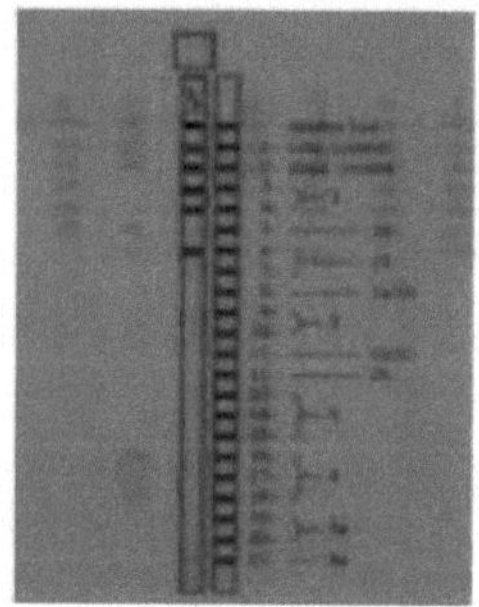

Figura 53: Genotipagem

4.4.3. Amplificação de genes
i Princípio da PCR :

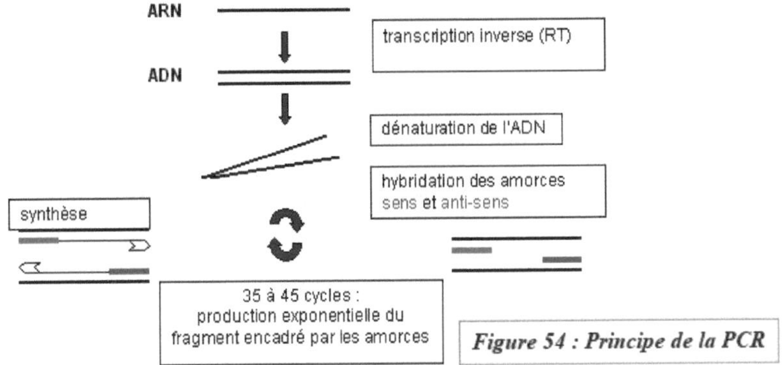

Figura 54: Princípio da PCR

4- O ADN ou ARN é extraído de uma amostra através de uma variedade de métodos. Na utilização de rotina, a extração é frequentemente conseguida por adsorção de ácidos nucleicos (carregados negativamente) em partículas de sílica carregadas positivamente, seguida de eluição.

5- A amplificação genética, ou PCR (reação em cadeia da polimerase), permite copiar uma parte limitada do genoma viral, utilizando primers e a ação de uma polimerase de ADN.

6- Os iniciadores são concebidos para hibridizar com o genoma viral, um na cadeia de sentido e o outro na cadeia de anti-sentido. Por conseguinte, os iniciadores só podem ser escolhidos para um vírus cuja sequência de nucleótidos seja conhecida; além disso, os iniciadores devem ser específicos do vírus e não hibridizar com outro genoma que não o que está a ser investigado.

7- A ADN polimerase "engancha" nos dois primers e sintetiza o ADN complementar a partir do genoma viral que lhe serve de modelo; a síntese é possível através da adição de dATP, dCTP, dGTP e dTTP ao meio de reação. Cada ciclo de PCR compreende uma fase de desnaturação do ADN, uma fase de hibridação dos iniciadores e, em seguida, uma fase de síntese do ADN. Estas fases são efectuadas num termociclador através de três mudanças de temperatura sucessivas (por exemplo, 94°C, 60°C, 72°C).

8- Para amplificar o ARN, é essencial uma etapa preliminar de transcrição reversa em ADN antes da PCR; esta etapa é efectuada in vitro utilizando uma transcriptase reversa (de origem aviária ou murina). Todos os reagentes acima referidos estão disponíveis comercialmente.

9- Após a amplificação dos genes, os ácidos nucleicos amplificados têm de ser detectados, quer por eletroforese em gel de agarose quer, mais frequentemente, por hibridação molecular pós-PCR.

10- Aplicações comuns : HVC, HVB, CMV, HHV, vírus neurotrópicos, parvovírus B19, ...

Quatro tipos de termocicladores convencionais: *um termociclador é um banho de água seco programável (temperatura e tempo).*

Figura 55: Equipamento PCR

Γagarose gel após PCR e eletroforese: *O gel é fotografado sob luz UV. Os sinais positivos aparecem como bandas claras (setas). O resultado só pode ser interpretado se existirem controlos positivos (a reação funcionou) e um controlo negativo (não há contaminação).*

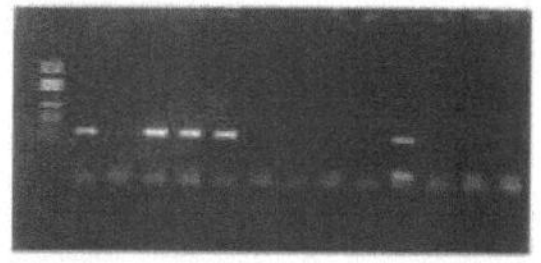

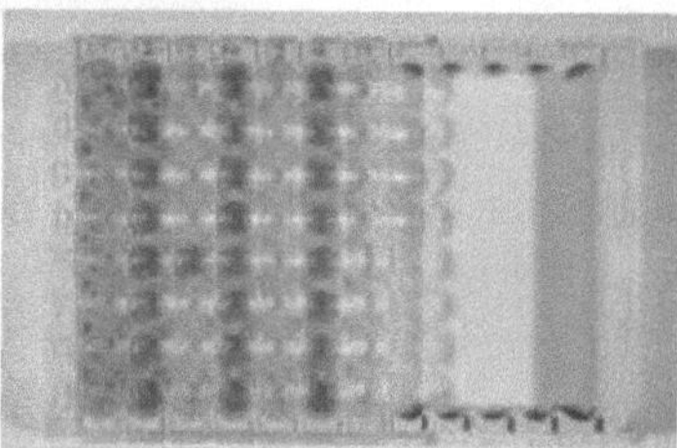

Figuras 56-58: Resultados da PCR

Aspeto **de uma microplaca de hibridação molecular pós-PCR:** *os poços coloridos correspondem a sinais positivos.*

4.4.4. Sequenciação de nucleótidos

O método de Sanger é utilizado para a sequenciação de rotina. Trata-se de uma PCR em que os dideoxinucleótidos marcados com fluorocromos (ddATP, ddCTP, ddGTP, ddTTP) são adicionados à mistura de reação habitual. A polimerase sintetiza o ADN utilizando aleatoriamente desoxinucleótidos ou dideoxinucleótidos. Cada vez que um didesoxinucleótido é incorporado na cadeia de ADN, o alongamento da cadeia é interrompido, uma vez que estas moléculas não permitem a ligação fosfo-diéster seguinte. Por conseguinte, a reação de sequenciação resulta na produção de fragmentos de ADN de todos os tamanhos possíveis (por exemplo, para um fragmento de ADN recopiado de 200 nucleótidos, de 1 a 200). Os sequenciadores "automáticos" detectam automaticamente o fluorocromo nestes fragmentos de ADN através de eletroforese. Esta é efectuada quer num gel de acrilamida vertical, quer em capilares sicilianos cheios de polímeros.

Exemplo de um sequenciador automático: os capilares de eletroforese e o sistema de leitura encontram-se no dispositivo da esquerda. A interpretação é efectuada através de um software especializado num PC ligado diretamente ao sequenciador.

Figura 59: Sequenciador automático

Análise de uma reação de sequenciação após leitura num sequenciador automático: as duas cadeias de ADN, sentido e anti-sentido, foram sequenciadas (dois electroforgramas) e as sequências são comparadas entre si e com uma sequência de referência conhecida. O "consenso" representa a sequência final, obtida após correção humana das ambiguidades não resolvidas pelo sequenciador automático.

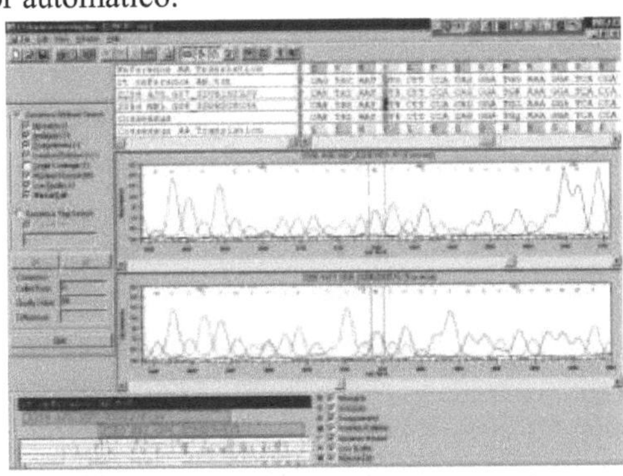

Figura 60: Análise de uma reação de sequência ae

4.4.5. Quantificação
-   **O ADN de ramo** é um método de quantificação.

- **PCR competitiva com padrão interno**
- **Princípio da quantificação por PCR competitiva :**

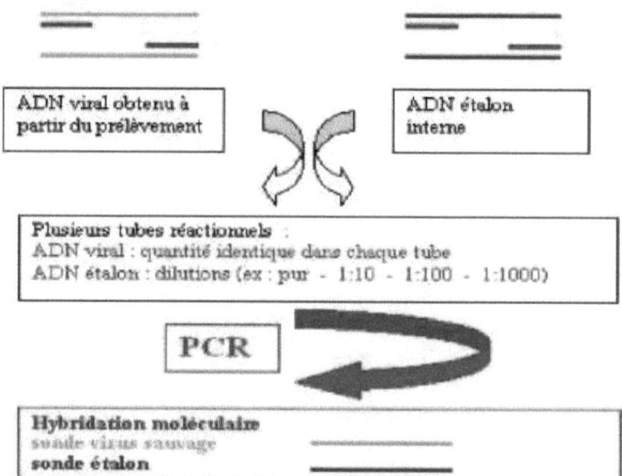

Figura 61: **Quantificação por PCR competitiva**

Zona de equivalência: densidade ótica do **vírus selvagem** = densidade ótica do **padrão.**

Vários kits de PCR existentes no mercado baseiam-se neste princípio. Antes da extração dos ácidos nucleicos, é introduzido um padrão nas amostras a analisar (padrão interno). Este padrão é um ácido nucleico cujas extremidades são idênticas às da sequência do vírus de tipo selvagem, o que significa que pode ser utilizado o mesmo par de iniciadores. No entanto, entre as extremidades com as quais os iniciadores se hibridizam, a sequência nucleotídica difere da do vírus de tipo selvagem, o que permite distinguir os dois produtos da PCR, quer por eletroforese (tamanho diferente), quer por hibridização após a PCR (sondas específicas diferentes).

Cada amostra é testada em vários tubos. Em cada tubo, a amostra está sempre presente na mesma quantidade, mas o padrão é distribuído em diferentes concentrações (diluições do padrão). Durante a PCR, os iniciadores hibridizam quer com a sequência de tipo selvagem (vírus presente na amostra) quer com o padrão: existe, portanto, concorrência (PCR competitiva). Os iniciadores hibridizam-se mais facilmente com o ADN presente em maior quantidade, pelo que este é mais amplificado. Num tubo, obtém-se a mesma amplificação para as duas matrizes (zona de equivalência): como a concentração do padrão é conhecida, é possível deduzir a quantidade de moléculas presentes na amostra.

Reação de polimerização em cadeia em tempo real

Os métodos de PCR em tempo real medem a quantidade de moléculas de ADN produzidas durante a fase exponencial inicial da reação de PCR. Esquematicamente, o ADN produzido durante a PCR é quantificado através da

112

incorporação de uma molécula fluorescente ou da hibridação de duas sondas específicas emissoras de fluorescência. Estes termocicladores específicos estão equipados para a leitura contínua (em tempo real) da fluorescência emitida.

Exemplo de um dispositivo de PCR em tempo real:

***Figura 62:* Aparelho de PCR em tempo real**

A PCR e a deteção por hibridação são efectuadas ao mesmo tempo no mesmo tubo

Curvas de quantificação do EBV no sangue total utilizando a PCR em tempo real: *as curvas superiores mostram a amplificação do ADN de controlos positivos em diferentes concentrações (curva padrão externa). A curva inferior representa o declive.*

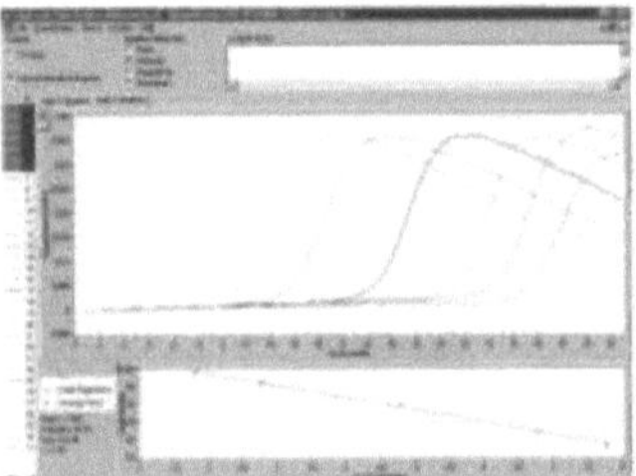

***Figura 63: Curvas de quantificação* da PCR**

Indicações para os métodos de diagnóstico molecular :

-Técnicas qualitativas: para demonstrar a presença de um vírus, nomeadamente quando este não pode ser cultivado (HVC) ou quando o fluido biológico não é adequado para cultura (CSF).

-   **Técnicas quantitativas**: acompanhamento de doentes em tratamento anti-viral (VIH, VHC, VMC, VHB).

-   **Sequenciação**: deteção de mutações nucleotídicas

-   associados à resistência aos anti-virais (VIH, HVB),

-   características dos genótipos do vírus (HVC, HVB).

- Interesses :

-   Sensibilidade notável

-   Possibilidade de automatização

- Limites :

-   Riscos de contaminação para as técnicas de PCR.

- Não há provas de que o vírus detectado seja infecioso.
- Caracterização fenotípica da estirpe impossível.
- Continua a ser relativamente caro.

1. O que é um vírus?
2. Apresentar uma breve história da virologia
3. Fazer a estrutura de um vírus nu e de um vírus de envelope
4. Porque é que as pessoas dizem que os vírus são muito pequenos?
5. O que representam os anti-receptores num vírus?
6. Indicar as características gerais dos vírus
7. Que diferenças encontra entre os vírus de simetria helicoidal, os vírus icosaédricos e os vírus de arquitetura complexa?
8. Demonstrar que os vírus se replicam
9. Quais são os limites da classificação do sistema LHT e da classificação de David Baltimore?
10. Utilizando exemplos específicos, demonstrar que os vírus são específicos de uma determinada doença.
11. Utilizando diagramas claramente identificados, explicar o ciclo de desenvolvimento dos vírus nus, dos vírus com envelope e dos retrovírus (VIH ou VHB).
12. Utilizando a compartimentação das células eucarióticas, explicar o ciclo de desenvolvimento dos vírus de ADN e ARN.
13. Explicar as variações genéticas dos vírus das plantas.
14. É possível vacinar as plantas? Em caso afirmativo, explique o processo.
15. Com base em exemplos concretos, explique os métodos utilizados para combater as seguintes doenças virais: Poliomielite, Ébola, Convid-19, Gripe, Raiva, SIDA e Hepatite B.
16. Que métodos são utilizados para diagnosticar as doenças enumeradas no ponto 15?
17. Que métodos são utilizados para diagnosticar as doenças no seu país?
18. Qual dos métodos de diagnóstico com que está familiarizado parece ser o mais eficaz? Justifique a sua resposta.

VENCEDORES DO PRÉMIO NOBEL DE MEDICINA, FISIOLOGIA OU QUÍMICA
CUJOS TRABALHOS PROVÊM DA VIROLOGIA OU QUE TIVERAM INFLUÊNCIA NA VIROLOGIA

Em 1946 [química] J.H Northrop, W.M Stanley, J.P Sumner: preparação no estado puro de enzimas e proteínas virais (J.H.N., W.M.S), descoberta da cristalização de enzimas (JPS).

Em 1951 [medicina] M. Theiler: vacina contra a febre amarela.1954 [medicina] J.F Enders, T.H. Weller, F.C. Robbins: crescimento do vírus da poliomielite em cultura de células.

Em 1958 [medicina-fisiologia] G.Beadle, E.L. Tatum e J.Lederberg: descoberta do papel dos genes na síntese das proteínas (G.B e E.L.T) e descoberta da recombinação e da organização do material genético nas bactérias (J.L).

Em 1962 [medicina] F.H.C. Crick, J.D. Watson, M.H.F. Wilkins: estrutura da dupla hélice do ADN.

Em 1965 [medicina] F.Jacob, A.Lwoff, J.Monod: Controlo genético da síntese de enzimas e vírus (bacteriófagos).

Em 1966 [medicina] P. Rous: descoberta dos vírus oncogénicos.

Em 1969 [medecine] M.Delbruck, A.D. Hershey, S.E. Luria: Mechanisms of replication and genetic structure of viruses.

Em 1975 [medecine] D Baltimore, R Dulbecco, HM Temin: Interacções entre vírus oncogénicos e o material genético das células.

Em 1976 [medicina] B.S. Blumberg, D.C. Gajdusek: New mechanisms of the origin and dissemination of infectious diseases (hepatitis B virus and Kuru).

Em 1978 [medicina] W. Arber, D. Nathans, H.O. Smith: A descoberta das enzimas de restrição e a sua aplicação na genética molecular.

Em 1980 [química] P. Berg, W. Gilbert, F. Sanger: estudos fundamentais da bioquímica dos ácidos nucleicos com especial atenção ao ADN recombinante (PB) e contribuição para a determinação das sequências de bases dos ácidos nucleicos (WG, FS).

Em 1982 [química] A. Klug: Elucidação da estrutura de nucleoproteínas importantes em biologia, por microscopia eletrónica e cristalografia.

Em 1989 [medecine] J.M. Bishop, H.E. Varmus: Cellular origin of retroviral oncogenes.

Em 1993 [medicina] R.J. Roberts, P.A Sharp: Genes mosaics (trabalho sobre vírus, adeno e SV40).

Em 1993 [química] KB Mullis, M.Smith: PCR (KBM) e mutagénese dirigida (MS).

Em 1997 [medicina] S.B. Prusiner: priões, um novo princípio biológico da infeção.

Em 2006 [medecine] A. Fire and G. Mello: RNA interference - gene silencing by double-stranded RNA.

Em 2008 [medicina] Harald zur Hauzen: trabalhos sobre o cancro do colo do útero causado pelo papilomavírus. Fran^oise Barre-Sinoussi, Luc Montagnier: descoberta do vírus da SIDA.

Em 2020, Michael Houghton [biologia], Harvey J. Alter [medicina] e Charles M. Rice [medicina]: Pela descoberta do vírus da hepatite C.

Em 2023, Katalin Kariko [Biologia] e Drew Weissman [Bioquímica]: pelas suas descobertas relativas às modificações das bases nucleósidas que permitiram o desenvolvimento de vacinas eficazes de ARNm contra a Covid-19.

BIBLIOGRAFIA

David M. Knipe, Peter M. Howley, Wolters Kluwer, Fields Virology, Quinta edição, - Lippincott Williams & Wilkins : Virologia 2 volumes, 2007.

Nigel J. Dimmock, Abdrew J. easton, Keith n. leppard: Introduction to Modern Virology, sexta edição, Blackwell Publishing, 2007.

Huraux J.-M., nicolas J.-C., agut H., Peigue-lafeuille H. (ed) 2003, Traite de Virologie Medicale, estem De Boeck Diffusion, Paris, França. (UCL-biblioteca de medicina).

Fenner F, Henderson DA, Arita I, Jezek Z, Ladnyi ID. Smallpox and its eradication, Organização Mundial de Saúde, genebra, 1988, pp 1460. (Referência UCl : 10066479, localização : bibliotheque de medecine)

Pasteur l, Chamberland C, roux e. (1884). Physiologie experimentale: nouvelle communication sur la rage. C. R. Acad. Sci.98: 457-63.

Rous P. (1911). Um sarcoma da galinha transmissível por um agente separável das células tumorais. J Exp Med, 13: 397-9.

Watson JD. The double helix. a personal account of the discovery of the structure of DNA, new american library, New-York, 1968 (referência UCl: 500087107, localização: bibliotheque des sciences exactes).

Saiki R.K, Scharf S., Faloona F., Mullis K.B, Horn G.T, Erlich HA, Arnheim N. (1985). Amplificação enzimática de sequências genómicas de beta-globina e análise de sítios de restrição para o diagnóstico da anemia falciforme. Science, 230 :1350-4. (bibliotecas uCl: biblioteca de medicina e biblioteca das ciências exactas e biblioteca de Hemptinne)

temin HM, Mitzutani s. (1970). DNA polimerase dependente de RNA em viriões do vírus do sarcoma de Rous. Nature, 226 : 1211-1213.(bibliotecas uCl: biblioteca de medicina e biblioteca de ciências exactas)

Baltimore D. (1970). DNA polimerase dependente de RNA em viriões de vírus de tumores de RNA. Nature, 226 :1209-11. (bibliotecas uCl: biblioteca de medicina e biblioteca de ciências exactas).

Fauquet C.M., Mayo, M.a., Maniloff, J., Desselberger, U., Ball, L.A. 2005. Virus taxonomy. 8th report of the International committee on taxonomy of viruses, elsevier academic Press, Oxford, uK, 1259 pp.

Buchen-Osmond C. (2003). A base de dados universal de vírus ICTVdB. Computação em ciência e engenharia 5 (3), 16-25.

Sítio Web do ICTV: http://www.iums.org/comcofs/comcofs-virology.html, http://www.mcb.uct.ac.za/ictv/ICtv.html, http://www.danforthcenter.org/iltab/ictvnet/asp/_MainPage.asp

Sítio Web do ICTV-DB: http://www.ncbi.nlm.nih.gov/ICtvdb/

Principles of Molecular Virology. terceira edição, alan J. Cann, academic Press

Barbot J., "Agir sobre os ensaios terapêuticos. L'experience des associations de lutte contre le sida en France", *Revue d'Epidemiologie et Sante Publique,* 1998, 46, p. 305-315.

Barbot J., *Les malades en mouvements. La medecine et la science a l'epreuve du sida,* Paris, Editions Balland, 2002.

Barbot J., Dodier ?, " L'emergence d'un tiers public dans la relation malade-medecin. L'exemple de l'epidemie a vih", *Sciences Sociales et Sante,* 2000, 18, 1, p. 75-119.

Diminuição da Mortalidade de COVID-19 com Terapia de Inibidores do Sistema Renina-Angiotensina-Aldosterona em Pacientes com Hipertensão: Uma Meta-Análise [HYPERTENSION] 27/05/2020.

Paragem cardíaca extra-hospitalar durante a pandemia de COVID-19 em Paris, França: um estudo observacional de base populacional [THE LANCET] 27/05/2020.

PCR em destaque: COVID-19 - Como reiniciar um programa eletivo em cardiologia de intervenção [PCR ONLINE] 26/05/2020

Advocacia em ação: a mais recente regra CMS COVID-19 inclui medidas de telessaúde solicitadas pelo ACC [ACC] 22/05/2020.

AGÊNCIA DE SAÚDE PÚBLICA DO CANADÁ. "Summary of recommendations for preventing the contraction of viral hepatitis while travelling", [Online], Canadian Communicable Disease Report, vol. 40, no. 13, 10 de julho de 2014, pp. 310-314.

AGÊNCIA DE SAÚDE PÚBLICA DO CANADÁ. Recomendações actualizadas para a utilização da vacina contra a hepatite A , 2016, 43 p.

GILCA, Vladimir, e Nicole BOULIANNE. *°Avis n VHA/2009/001 : Utilisation du vaccin contre le VHA chez les enfants de moins de 1 an*, Institut national de sante publique du Quebec, 4 p. [Avis interne examine et approuve par le CIQ le 12 mars 2009].

"Fievre de Lassa", no sítio da Caisse des Frangais de l'Etranger (consultado em 26 de dezembro de 2018)

(pt) Werner Dietrich, *Biological Resources and Migration*, Springer, 2004, 363 p. (ISBN 978-3540214700)

Institut Pasteur (pasteur.fr): "Lassa fever", março de 2008 (consultado em 29 de dezembro de 2011)

OMS 2005: "Lassa fever" abril de 2005 (consultado em 29 de dezembro de 2011) Ogbu O, Ajuluchukwu E, Uneke CJ, *Lassa fever in West African sub-region: an overview*, vol. 44, 2007, 1-11 p.

(pt) Antonio Tenorio, W. Ian Lipkin, Juan E. Echevarria e Stephen K. °Hutchison, "Discovery of an Ebolavirus-Like Filovirus in Europe", *PLOS*

Pathogens, vol. 7, n 10, 20 de outubro de 2011, e1002304 (ISSN 1553-7374, PMID 22039362, PMCID PMC3197594, DOI 10.1371/journal.ppat.1002304, lido em linha [arquivo], acedido em 17 de agosto de 2019)

(en) Zheng-Li Shi, Lin-Fa Wang, Yun-Zhi Zhang e Ren-Di Jiang, "Characterization of a filovirus (Mengla virus) from Rousettus bats in China", *Nature Microbiology*, vol. °4, n 3, março de 2019, pp. 390-395 (ISSN 2058-5276, DOI 10.1038/s41564-018-0328-y, acedido em 17 de agosto de 2019)

ICTV. Comité Internacional para a Taxonomia dos Vírus. História da taxonomia. Publicado na Internet https://talk.ictvonline.org/., consultado em 5 de fevereiro de 2021 (en) "Virus Taxonomy: 2018b Release" [arquivo], ICTV, julho de 2018 (consultado em 4 de julho de 2019).

(en) "Biosafety in Microbiological and Biomedical Laboratories, 5th Edition" [arquivo], CDC, dezembro de 2009 (consultado em 25 de julho de 2019).

(en-US) Mariette F. Ducatez, Claire Pelletier e Gilles Meyer, "Influenza D Virus in Cattle, France, 2011-2014", *Emerging Infectious Diseases*, vol. 21, n.° 2, Fev. 2015 (DOI 10.3201/eid2102.141449, lido online [arquivo], acedido em 15 de fevereiro de 2018)

Corinne Thebault Le 21 fevrier 2003 a 00h00, " Le virus de la grippe sous l'influence d'El Nino ! " [arquivo], em leparisien.fr, 20 de fevereiro de 2003 (consultado em 14 de dezembro de 2021)

"La Nina favorece o aparecimento de novos vírus da gripe" [arquivo], em www.20minutes.fr (consultado em 14 de dezembro de 2021)

R. Cattaneo e M. McChesney, *Measles Virus*, em B. W. J. Mahy (Ed.), Encyclopedia of virology (3ª ed., Vol. 3). Amesterdão, Boston, Academic Press, 2008, p. 285-288

Erling Norrby, *Sarampo*, em B. N. Fields, Virology, Nova Iorque, Raven Press, 1985, pp. 1305-1309

Thierry Borrel, *Les virus*, Paris, Nathan, col. Sciences 128, 1996

Helene Valentin, Branka Horvat, Pierre Rivailler e Chantai Rabourdin-Combe, *Role of the CD46 molecule in measles virus infection*, Annales de l'Institut Pasteur/Actualites, Volume 8, Número 2, julho-setembro de 1997, Páginas 181-184.

Pr. M.E. Lafon (Laboratório de Virologia, Faculdade de Medicina, Universidade Victor Segalen, Bordéus).

A. Mammette, Coleção AZAY: "Virologie medicale" Presses Universitaires de Lyon. 2002, 80 Boulevard de la Croix Rousse, BP 4371, 69242 LYON 04

Baltimore D, "Expression of animal virus genomes", *Bacteriol Rev*, vol. °35, n 3, 1971, p. 235-41 (PMID 4329869, ler em linha [arquivo])

Professor Colimon, "Classification modifiee de Baltimore selon la stratégie de replication des virus [archive]", Universite de Rennes I - Departement de virologie, 16 de outubro de 2001 (consultado em 22 de novembro de 2023).

Perguntas e temas de consolidação

1. Depois de apresentar a história da virologia, porque é que se diz que os vírus são muito pequenos?

2. Qual é a estrutura de um vírus nu?

3. Qual é a estrutura de um vírus de envelope?

4. O que é que sabe sobre a forma como os vírus com envelope entram numa célula hospedeira?

5. O que sabes sobre a forma como os vírus nus entram numa célula hospedeira?

6. Qual é a diferença entre a matriz viral e o recetor celular?

7. O que significa um anti-recetor num vírus?

8. Utilizando um diagrama bem anotado, desenha a estrutura do vírus da gripe.

Resumo do curso

Este livro de texto sobre Virologia Geral e Especial destina-se a estudantes de licenciatura 2 em Biologia Médica, Medicina, Farmácia, Odontostomatologia e Biologia. É composto por duas partes principais. A primeira parte trata da introdução à virologia, da definição de vírus, da história da virologia, das características gerais dos vírus, da especificidade dos vírus, da dependência dos vírus do metabolismo das células hospedeiras, da estrutura da partícula viral (genoma, capsídeo, membrana lipídica, envelope, matriz, anti-receptores, vírus nus e vírus envelopados), dos vírus com simetria helicoidal, dos vírus com simetria icosaédrica e dos vírus com arquitetura complexa.

Aborda também os critérios de distinção dos vírus, a taxonomia viral, a classificação dos vírus segundo o sistema LHT e o de David Baltimore, o conceito de espécie viral, a especificidade da taxonomia viral, a coleção e a conservação dos vírus, o ciclo de desenvolvimento segundo a natureza dos vírus (ligação, expressão e replicação, montagem e saída do vírus), o caso particular dos vírus vegetais, a compartimentação da célula eucariótica e as etapas de replicação, transcrição e maturação dos ARN mensageiros (ARNm) que se desenrolam no núcleo. A tradução dos ARNm em proteínas tem lugar no citoplasma. As proteínas produzidas são depois enviadas para o compartimento onde vão exercer a sua ação: núcleo, citoplasma, retículo endoplasmático, lisossomas, mitocôndrias, membrana, etc.

A segunda parte deste manual aborda em pormenor a virologia especial de nove vírus e as doenças que causam no homem. São eles o VIH e a SIDA, o poliovírus e a poliomielite, a SARS Covid 2 e a Covid-19, o vírus da hepatite B e a hepatite B, o vírus de Lassa e a febre de Lassa, o vírus Ébola e a doença do vírus Ébola, o vírus de Marburgo e a doença do vírus de Marburgo, o vírus da gripe e a gripe, e o vírus do sarampo e o sarampo.

A última parte do livro aborda os métodos utilizados nos laboratórios para o diagnóstico das doenças infecciosas virais e as diferentes etapas de cada um dos métodos estudados.

O Dr. Taliby Dos CAMARA é professor e investigador em Microbiologia Geral, Microbiologia Médica, Micologia Médica, Virologia, Bacteriologia Médica, Biossegurança e Metodologia de Investigação na Universidade Gamal Abdel Nasser em Conacri (UGANC), na Universidade Mahatma Gandhi (UMG) e no Institut Recherche en Biologie Appliquée de Gurnee (IRBAG). Está registado no

I lista de aptidão do Centre Africain et Malgache pour l'Enseignement Superieur (CAMES).

yes I want morebooks!

Buy your books fast and straightforward online - at one of world's fastest growing online book stores! Environmentally sound due to Print-on-Demand technologies.

Buy your books online at
www.morebooks.shop

Compre os seus livros mais rápido e diretamente na internet, em uma das livrarias on-line com o maior crescimento no mundo! Produção que protege o meio ambiente através das tecnologias de impressão sob demanda.

Compre os seus livros on-line em
www.morebooks.shop

info@omniscriptum.com
www.omniscriptum.com

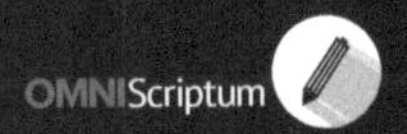

Printed by Books on Demand GmbH, Norderstedt / Germany